"十四五"职业教育国家规划教材

供中等职业教育护理、药剂、中医、医学检验技术、康复技术、口腔修复工艺、医学影像技术等专业使用

生物化学

（第2版）

主　编　钟楠楠

副主编　陈　方　柳晓燕　迟玉芹

编　委（按姓氏汉语拼音排序）

陈　方（山东省青岛卫生学校）

迟玉芹（山东省青岛第二卫生学校）

高琼曼（广东黄埔卫生职业技术学校）

柳晓燕（安徽省淮南卫生学校）

吕　聪（四川省宜宾卫生学校）

刁傲登（包头市卫生学校）

张英超（威海市卫生学校）

张源麟（菏泽家政职业学院）

钟楠楠（贵阳康养职业大学）

科学出版社

北　京

内 容 简 介

本教材结合中等职业学校学生的特点，按照现行版教学标准的相关要求进行编写。全书共11章，与上一版相比，将核苷酸代谢与氨基酸代谢两个部分的内容进行了合并，删除了蛋白质生物合成的部分内容；注重思政教育，将相关内容融入到教学内容中；作为专业基础课，编写过程中本着“够用”为原则，以满足临床教学需求为目标，采用案例导入的方式进行编写；根据实际教学需求绘制了大量的原创图片，帮助学生理解。教材不仅强调了理论知识的实用性，还强调与实际生活中案例和相关临床案例的联系，可以有针对性地帮助学生提高分析问题和解决问题的能力。

本书可供中等职业教育护理、药剂、中医、医学检验技术、康复技术、口腔修复工艺、医学影像技术等专业学生使用，也可作为相关人员的培训教材。

图书在版编目（CIP）数据

生物化学 / 钟楠楠主编 . —2 版 . —北京：科学出版社，2024.6
“十四五”职业教育国家规划教材
ISBN 978-7-03-078428-5

Ⅰ . ①生… Ⅱ . ①钟… Ⅲ . ①生物化学 – 中等专业学校 – 教材 Ⅳ . ① Q5

中国国家版本馆 CIP 数据核字（2024）第 081299 号

责任编辑：王昊敏 / 责任校对：周思梦
责任印制：师艳茹 / 封面设计：涿州锦晖

科学出版社 出版
北京东黄城根北街 16 号
邮政编码：100717
http://www.sciencep.com
天津市新科印刷有限公司印刷
科学出版社发行 各地新华书店经销
*
2018年 1 月第 一 版 开本：850 × 1168 1/16
2024年 6 月第 二 版 印张：8
2024年 6 月第十二次印刷 字数：190 000

定价：34.80元

（如有印装质量问题，我社负责调换）

前 言

党的二十大报告指出“人民健康是民族昌盛和国家强盛的重要标志。把保障人民健康放在优先发展的战略位置，完善人民健康促进政策。”贯彻落实党的二十大决策部署，积极推动健康事业发展，离不开人才队伍建设。“培养造就大批德才兼备的高素质人才，是国家和民族长远发展大计。”教材是教学内容的重要载体，是教学的重要依据，是培养人才的重要保障。本次教材修订旨在贯彻党的二十大精神，坚持为党育人、为国育才。

为深入贯彻党的二十大精神，积极落实教育部最新《中等职业学校专业教学标准（试行）》要求，结合我国医药职业院校当前的教学需求确定了本教材修订重点。

1. 新形态教材　本教材是以纸质教材为核心，将各类教学资源与纸质教材相融合的新形态教材。读者可通过“中科云教育”平台，获取多种形式的教学资源，促进教学活动的高效开展。

2. 对接岗位需求　依据科目的需要，我们更新了案例相关内容，以期让学生尽早了解临床工作内容，培养学生的学习兴趣和岗位适应能力。教材中“链接”模块，旨在扩大学生知识面，鼓励学生探索钻研专业知识，更好地对接岗位需求。

3. 切合护考大纲　本教材紧扣最新国家护士执业资格考试大纲，清晰标注考点，并针对每个考点配以自测题，便于学生巩固所学知识，适应临床护理岗位需求。

本教材的编写特色主要体现在“新”“实”“全”三个方面。

1.“新”体现在教材内容的更新。作为医学基础课程，学生在学习生物化学过程中普遍感到难度较大、抽象、难理解，由此将部分章节内容进行整合删减。本教材还增加了大量的示意图，帮助学生理解相关内容。

2.“实”体现在正文中增设了“链接”“考点”“医者仁心”，扩大了学生的知识面；明确学习的重点和难点，增加教材的实用性、可读性。

3.“全”不仅体现在本教材正文后增设了“自测题”，方便学生对章节内容的掌握程度进行自我检测；更体现在本教材配套了 PPT 等数字化资源，教学资源丰富。

本教材在编写过程中得到了各位编者所在院校的大力支持，在此一并表示衷心地感谢。

由于编者水平有限，教材中若有不足之处，恳请广大师生批评、指正。

编　者

2024 年 1 月

配 套 资 源

欢迎登录“中科云教育”平台，**免费**数字化课程等你来！

本教材配有图片、视频、音频、动画、题库、PPT 课件等数字化资源，持续更新，欢迎选用！

“中科云教育”平台数字化课程登录路径

电脑端

- 第一步：打开网址 http://www.coursegate.cn/short/CTOA4.action
- 第二步：注册、登录
- 第三步：点击上方导航栏“课程”，在右侧搜索栏搜索对应课程，开始学习

手机端

- 第一步：打开微信“扫一扫”，扫描下方二维码
- 第二步：注册、登录
- 第三步：用微信扫描上方二维码，进入课程，开始学习

PPT 课件：请在数字化课程各章节里下载！

目　录

第1章 绪论

一、生物化学的概念、研究内容与发展概况

（一）生物化学的概念

生物化学是研究生命的化学，它主要是采用化学、物理学、生理学及免疫学等原理和方法，研究生物体的化学组成、结构与功能的关系及生物体内发生的化学变化的科学。生物化学从分子水平上阐明各种生命现象的化学基础，深度揭示生命的奥秘。因此，生物化学又称为生命的化学。

生物化学是生命科学中的一门重要学科，是十分重要的基础医学课程。医学生物化学是以人体为主要研究对象，其任务是为提高人类的健康水平、预防和治疗疾病提供理论基础和技术手段。

（二）生物化学的研究内容

当代生物化学研究的主要内容概括如下。

1. 生物体的分子结构与功能　生物体由无机物、小分子有机物和生物大分子组成。无机物如水和无机盐；小分子有机物如多种有机酸、维生素、单糖、氨基酸、核苷酸等；生物大分子的种类繁多、结构复杂、功能各异，主要包括蛋白质、核酸、多糖、复合糖类及复合脂类等。生物大分子是由基本结构单位按一定顺序和方式连接而形成的，并且具有特定的空间构象和特异的生物学功能。例如，蛋白质是由氨基酸通过肽键连接形成的多聚体，是生命的物质基础；核酸是由核苷酸通过磷酸二酯键连接形成的多聚体，是遗传的物质基础。

2. 物质代谢及其调节　生物体与周围环境之间进行物质交换和能量交换以实现自我更新的过程，称为新陈代谢。新陈代谢是生命的基本特征之一，包括物质代谢和能量代谢。物质代谢包括合成代谢与分解代谢，几乎都是经一系列酶催化完成的代谢途径，正常的物质代谢是正常生命活动的必要条件；能量代谢是指伴随物质代谢中的能量释放、转移和利用。机体通过物质的合成代谢维持其生长、发育、更新和修复，通过分解代谢产生能量和排出废物，机体内存在一整套精细、完善的调节机制，若物质代谢发生紊乱或调节失控可引起疾病。

3. 基因信息传递及其调控　生物体具有繁殖能力和遗传特性。核酸是遗传的物质基础，分为 DNA 和 RNA 两大类。DNA 是遗传信息的载体，基因是 DNA 分子中可表达的功能片段，RNA 参与遗传信息表达的各个过程。基因信息的传递涉及遗传、变异、生长、发育与分化等诸多生命过程，也与遗传性疾病、恶性肿瘤、心血管疾病、免疫缺陷病等多种疾病的

发病有关。

（三）生物化学的发展概况

在远古时代，我国劳动人民积累了不少有关生物化学方面的知识，并应用在生产、医疗和营养方面的实践中。例如，用粮食、大豆等原料酿酒，运用酶的作用制造酱、醋、饴糖等调味品；在医药方面，用海藻（含碘）治疗“瘿病”（甲状腺肿）；用富含维生素 B_1 的草药治疗维生素 B_1 缺乏症（脚气病）；用富含维生素 A 的猪肝治疗夜盲症等。

近代生物化学发展历程大致可分为 3 个阶段：初期阶段、蓬勃发展阶段和分子生物学时期。

1. 生物化学的初期阶段　即 18 世纪中期至 20 世纪初期，又称为叙述生物化学阶段。在这一阶段生物体的化学组成被基本阐明，人们对糖类、脂类、氨基酸的性质进行了较为系统的研究，奠定了酶学基础，发现了核酸并确定了相应的结构，合成了简单的多肽等。

2. 生物化学的蓬勃发展阶段　即 20 世纪初期至 20 世纪 50 年代，又称为动态生物化学阶段。这一阶段，在营养、内分泌、酶学方面，尤其是物质代谢方面的研究取得了巨大成就，必需氨基酸、必需脂肪酸、多种维生素、微量元素等营养必需物质被发现，体内主要物质的代谢途径基本确定，人们认识到 DNA 是遗传的物质基础。

3. 分子生物学时期　即 20 世纪 50 年代以后。这一阶段，人们重点研究了蛋白质与核酸等生物大分子的结构与功能、物质代谢与调节、基因表达与调控，并取得了举世瞩目的成果。1953 年沃森和克里克提出了 DNA 双螺旋结构模型，为揭示遗传信息的传递规律奠定了基础；20 世纪 60 年代遗传信息传递的中心法则初步确立，人们找到了破解生命之谜的钥匙；70 年代，重组 DNA 技术建立，促进了临床疾病的基因诊断和基因治疗；20 世纪末开始实施的人类基因组计划，为人类破解生命之谜奠定了坚实的基础。

中国科学家对生物化学做出了重要的贡献。20 世纪 20 ～ 30 年代，我国生物化学家吴宪等在营养学、临床生物化学等方面的研究有重大贡献。在蛋白质化学的研究方面，吴宪提出了国际公认的蛋白质变性学说；1965 年我国科学家在世界上首次人工合成了具有生物活性的蛋白质——结晶牛胰岛素；1981 年我国科学家又成功合成了酵母丙氨酸转移核糖核酸；1999 年，我国参与了人类基因组计划并顺利按时完成了任务。近年来，我国科学家在基因工程、蛋白质工程、疾病相关基因的定位、基因组研究及新基因的克隆与功能研究等方面不断取得重要成果，我国的生物化学研究正迅速迈进国际先进水平。

二、生物化学在临床上的应用

近年来生物化学发展迅猛，其理论和技术已渗透到基础医学和临床医学的各个领域，并随之产生了许多交叉学科和边缘学科，如分子生物学、分子遗传学、分子免疫学、分子病理学、分子药理学、分子微生物学、分子流行病学、神经分子生物学、发育分子生物学、细胞分子生物学、衰老分子生物学、肿瘤分子生物学、免疫化学、生物工程学、生物信息学等。生物化学已成为生命科学的共同语言。

生物化学是以化学、生物学等学科为基础发展起来的，是生命科学的重要分支，也是联系生命科学各学科的桥梁；是临床医学、预防医学、农业科学的基础；与食品科学关系密切。同时，生物化学原理应用于能源生产工程和环境保护；生物化学也加速了生物产业的崛起。

生物化学与分子生物学极大地促进了医学各学科的发展。临床生物化学就是在人体正常的生物化学代谢的基础上，探讨疾病的发病机制，研究疾病状态下，其病理过程中出现的特异性化学标志物或体内特定成分的改变，从而为疾病的临床试验诊断、治疗监测、药物疗效、预后判断和疾病预防等方面提供信息和决策依据的一门学科。

1. 生物化学与生理功能　生物化学从探讨体内的物质组成、代谢规律和调节机制的层面上阐明了机体的生理功能。当机体受到创伤、感染、或噪声等因素刺激时，体内代谢时所发生的各种化学反应会表现出与体内生理活动相适应的变化，如物质分解代谢加快、血糖升高、能量消耗增加、水盐代谢紊乱等一系列异常变化。

2. 生物化学与健康　生物化学为认识疾病和维持健康提供了理论基础；它从分子水平上阐述了健康的理念，提出了有益于健康、预防疾病的有效措施；运用营养生物化学知识，有效指导人们通过合理营养和膳食，去抵御疾病、延缓衰老和维持健康；利用生物技术尤其是基因工程技术生产出有药用价值的胰岛素、生长激素、干扰素和乙肝疫苗等生物制品。

3. 生物化学与疾病　营养素的代谢与一些疾病的发病机制密切相关，是营养学的基础；蛋白质和核酸的分子结构及其在体内的生物合成、遗传信息的表达，对于肿瘤的防治、毒物的毒理作用、免疫功能障碍及病原微生物研究都是必备的知识。通过生物化学可以在分子水平上探讨疾病的病因及发病机制，做出诊断和寻求防治的方法，如对疾病的基因诊断和基因治疗；阐明肿瘤、心血管疾病、遗传性疾病、神经系统疾病及免疫性疾病的发生、发展及转归，并用于早期诊断和有效防治；借助临床生物化学检验，辅助疾病诊断。

学习和掌握生物化学的基础知识和基本技能，目的在于运用生物化学的基本知识去分析和解决问题，为以后学习基础医学、药学、临床医学等各专业课程奠定坚实的基础，对进一步理解人体功能，维持机体健康，认识疾病本质，探讨疾病的预防、诊断及治疗具有重要的意义。

学习生物化学首先要树立信心，掌握科学的学习方法，运用所学知识理解学习过程中遇到的问题。重点掌握物质代谢特点、反应条件、生理意义、生化机制等。在理解的基础上记忆，提高学习效率。坚持做好课前预习和课后复习，就会收到事半功倍的效果。

自 测 题

一、选择题

1. 生物化学是在什么水平上研究生命现象的科学（　　）

   A. 整体水平　　B. 分子水平

   C. 细胞水平　　D. 器官水平

   E. 组织水平

2. 关于生物化学的概念正确的是（　　）

   A. 研究生物体的化学组成、结构与功能的关系及生物体内发生的化学变化的科学

   B. 生理学中讨论化学变化的部分

   C. 研究生物体的化学组成和结构的科学

   D. 研究与生命现象有关的有机化合物

E. 研究生物体发挥生理功能的机制

3. 1965 年我国科学家首先合成的具有生物活性的蛋白质是（ ）

A. RNA 聚合酶

B. 结晶牛胰岛素

C. 人胰岛素基因

D. 酵母丙氨酸转移核糖核酸

E. 葡萄糖 -6- 磷酸脱氢酶

4. 生物化学研究的一项重要任务是（ ）

A. 研究生物化学

B. 研究物质不灭定律

C. 阐明激素作用机制

D. 阐明生物体内新陈代谢的规律及其与生命活动的关系

E. 阐明生物体生长发育和衰老的规律和机制

二、填空题

1. 医学领域中，生物化学主要是以________为研究对象，故又称________。

2. 生物化学发展的三个阶段是________、________、________。

3. 我国生物化学家吴宪在蛋白质研究中提出了________学说。

4. 古代医学家用猪肝治疗________，实际上是利用猪肝含丰富的________。

（钟楠楠）

第2章 蛋白质化学

蛋白质是一类生物大分子，是细胞内除水外含量最高的生命物质，约占人体干重的45%、细胞干重的50%～70%。蛋白质是生命活动的主要承担者或执行者，不同蛋白质具有不同的生理功能，如调节功能（激素）、催化功能（酶）、运输功能（血红蛋白）、血液凝固（凝血酶原）、机体防御（免疫蛋白）、肌肉收缩（肌肉蛋白）及生长繁殖、遗传变异等。因此，蛋白质是生命的物质基础。

第1节 蛋白质的分子组成

一、蛋白质的元素组成

尽管蛋白质的种类繁多，结构各异，但元素组成相似，主要有碳（50%～55%）、氢（6%～8%）、氧（19%～24%）、氮（13%～19%）和硫（0～4%）。有些蛋白质还含微量的磷、铁、铜、锌、锰、钴、钼、碘等。其中氮的含量在各种蛋白质中都比较接近，平均为16%，即100g蛋白质平均含氮约16g，则1g氮相当于6.25g蛋白质。由于蛋白质是主要含氮生命物质，因此测定生物样品的含氮量（g）就可以计算出蛋白质的大致含量（g）。

样品中蛋白质含量＝样品测定的含氮克数 ×6.25

链 接

凯氏定氮法

凯氏定氮法是由丹麦化学家凯道尔于1883年建立的，是测定化合物或混合物中总氮量的一种方法。在催化条件下，用浓硫酸将样品中的有机氮转变成无机铵盐，然后在碱性条件下将铵盐转化为氨，并通过过量的硼酸液吸收氨，再以标准盐酸滴定，就可计算出样品中的氮量。由于蛋白质含氮量比较恒定，可由其含氮量计算蛋白质含量，故此法是经典的蛋白质定量方法。

考点 蛋白质的元素组成及样品中蛋白质含量的计算方法

二、蛋白质的基本组成单位——氨基酸

蛋白质在酸、碱或蛋白酶的作用下彻底水解的终产物是氨基酸，因此氨基酸是蛋白质的基本组成单位。

（一）氨基酸的结构特点

存在于自然界中的氨基酸有300余种，但被生物体直接用于合成蛋白质的仅有20种，除甘氨酸外均属*L-α-*氨基酸（图2-1）。

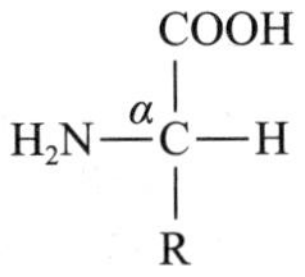

图 2-1 *L*-*α*- 氨基酸的结构通式

结构中心是四面体的 *α*- 碳原子，它共价连接了一个氨基、一个羧基、一个氢原子和一个可变的 R 基团，R 基团的变化形成了不同的氨基酸。从结构通式可以看出，除甘氨酸（R 为氢原子）外，其他氨基酸的 *α*- 碳原子均为不对称碳原子。

考点 氨基酸的结构通式及特点

（二）氨基酸的分类

20 种氨基酸根据其侧链的结构和理化性质可分成 4 类：非极性疏水性侧链氨基酸、极性中性侧链氨基酸、酸性侧链氨基酸和碱性侧链氨基酸（表 2-1）。

表 2-1　氨基酸分类及 25℃时的等电点

类别	中文名及简称	英文名	缩写符号	等电点（pI）
非极性疏水性侧链氨基酸	甘氨酸（甘）	glycine	Gly	5.97
	丙氨酸（丙）	alanine	Ala	6.00
	缬氨酸（缬）	valine	Val	5.96
	亮氨酸（亮）	leucine	Leu	5.98
	异亮氨酸（异亮）	isoleucine	Ile	6.02
	苯丙氨酸（苯丙）	phenylalanine	Phe	5.48
	脯氨酸（脯）	proline	Pro	6.30
极性中性侧链氨基酸	色氨酸（色）	tryptophan	Trp	5.89
	丝氨酸（丝）	serine	Ser	5.68
	酪氨酸（酪）	tyrosine	Tyr	5.66
	半胱氨酸（半胱）	cysteine	Cys	5.07
	甲硫氨酸（甲硫）	methionine	Met	5.74
	天冬酰胺（天胺）	asparagine	Asn	5.41
	谷氨酰胺（谷胺）	glutamine	Gln	5.65
	苏氨酸（苏）	threonine	Thr	5.60
酸性侧链氨基酸	天冬氨酸（天）	aspartic acid	Asp	2.97
	谷氨酸（谷）	glutamic acid	Glu	3.22
碱性侧链氨基酸	组氨酸（组）	histidine	His	7.59
	赖氨酸（赖）	lysine	Lys	9.74
	精氨酸（精）	arginine	Arg	10.76

第 2 节　蛋白质的分子结构与功能

在蛋白质分子中，氨基酸通过肽键相互连接形成多肽链。一条或多条多肽链进一步形成蛋白质一级结构及复杂的空间结构。蛋白质复杂的分子结构可以分为四个层级，即一级、二级、三级和四级结构。其中一级结构又称为基本结构，后三者可以统称为空间结构或空间构象。

一、肽键和肽

（一）肽键

肽键是一个氨基酸的羧基与另一个氨基酸的氨基脱水缩合所形成的酰胺键（图 2-2）。

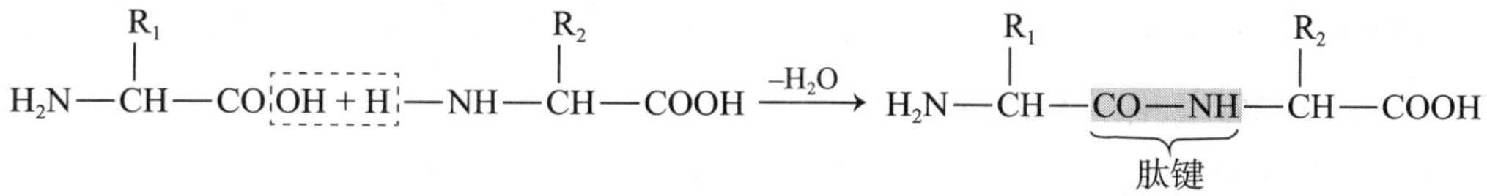

图 2-2　肽键和肽

考点　肽键的形成

肽键是蛋白质分子中的主要共价键，由于肽键中 C—N 键长介于单键和双键之间，具有部分双键的性质，不能自由旋转，于是肽键上 4 个原子和相邻的两个 α- 碳原子形成一个平面，称为肽键平面（图 2-3）。而与 α- 碳原子相邻的 N 与 C 是典型的单键，可以自由旋转，这是多肽链形成空间构象的结构基础。

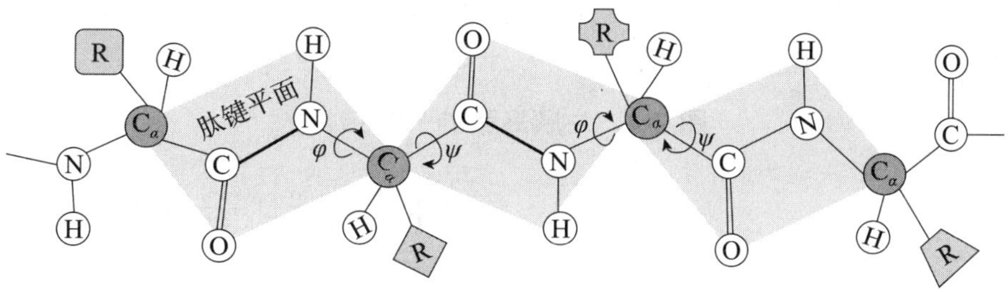

图 2-3　肽键平面示意图

（二）肽

氨基酸通过肽键相连而形成的化合物称为肽。由两个氨基酸缩合形成的肽称为二肽，由三个氨基酸缩合形成的肽称为三肽，以此类推。10 个以内氨基酸缩合形成的肽称为寡肽，10 个以上氨基酸缩合形成的肽称为多肽。肽链中的氨基酸分子因脱水缩合而基团不全，称为氨基酸残基，在多肽链中自由氨基末端称为氨基末端（N 端），自由羧基末端称为羧基末端（C 端），多肽链的命名从 N 端指向 C 端。书写多肽的简式时，N 端写在左侧，用 N- 表示，C 端写在右侧，用 -C 表示。可用中文简称、英文符号表示，如谷胱甘肽可写为 N- 谷 - 半胱 - 甘 -C 或 N-Glu-Cys-Gly-C。

（三）生物活性肽

生物活性肽是能够调节生命活动或具有某些生理活性的寡肽和多肽的总称。它们大多以非活性状态存在于蛋白质长链中，被酶解成适当的长度时，其生理活性才会表现出来。目前在生物体内发现的生物活性肽有几百种，如谷胱甘肽可作为重要的还原剂保护体内蛋白质或酶分子中的巯基免遭氧化；催产素和血管升压素（加压素）均为九肽，前者使子宫和乳腺平滑肌收缩，具有催产及促使乳腺排乳的作用，而后者则促进血管平滑肌收缩，从而升高血压，并有减少排尿的作用；促肾上腺皮质激素是 39 个氨基酸缩合而成的多肽，能刺激肾上腺皮质的生长和肾上腺皮质激素的合成与分泌；与神经传导有关的生物活性肽称为神经肽，如 P

物质、脑啡肽等；抗生素肽类如短杆菌肽 S、短杆菌肽 A 及博来霉素等，通过重组 DNA 技术还可以得到肽类的药物、疫苗等。

二、蛋白质的一级结构

蛋白质的一级结构是指多肽链中氨基酸的数目、种类和排列顺序。蛋白质一级结构的主要化学键是肽键，此外还有二硫键。蛋白质的一级结构是蛋白质最基本的结构，决定了蛋白质的二级、三级等空间结构。

牛胰岛素是第一个被测定一级结构的蛋白质分子，它有两条多肽链，A 链有 21 个氨基酸残基，B 链有 30 个氨基酸残基，两条链由 2 个二硫键相连（图 2-4）。

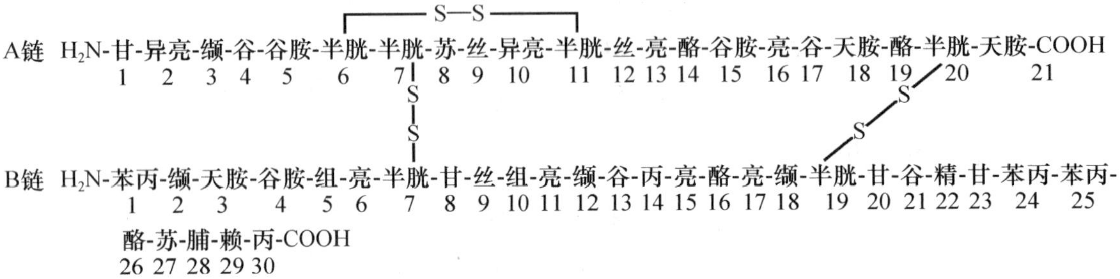

图 2-4 牛胰岛素的一级结构

考点 蛋白质一级结构的概念及主要化学键

链 接

我国在世界上首次人工合成结晶牛胰岛素

1955 年英国化学家桑格完成了胰岛素的全部测序工作，并因此获得 1958 年诺贝尔化学奖。当时，国际权威学术刊物《自然》发表评论文章称：“合成胰岛素将是遥远的事情。”然而，1965 年 9 月，中国科学家人工合成的结晶牛胰岛素诞生，成为世界上第一个与天然胰岛素分子化学结构相同并具有完整生物活性的蛋白质，标志着人类在探索生命奥秘的征途中迈出了重要一步。参与牛胰岛素合成工作的中国科学院院士张友尚说：“西方国家感到迷惑不解，为什么在科学还比较落后的中国能做出这样的工作。一个重要的因素是所有参加这一工作的人能够取长补短、密切合作，再加上领导者的精心组织，因而能发挥团队精神，在集体中充分发挥出每个人的聪明才智。”

三、蛋白质的空间结构

（一）蛋白质的二级结构

蛋白质的二级结构是指多肽链的主链骨架在各个局部折叠、盘曲而形成的局部空间结构，并不涉及氨基酸残基侧链的构象。蛋白质二级结构的主要形式有 α 螺旋、β 折叠、β 转角和无规卷曲。维系二级结构的化学键主要是氢键。

1. α 螺旋　多肽链主链围绕中心轴沿着顺时针方向有规律地盘曲成螺旋结构称 α 螺旋。
2. β 折叠　肽键平面之间折叠成锯齿状结构称 β 折叠。
3. β 转角　多肽链出现的 180° 回折部分称 β 转角。

4. 无规卷曲　多肽链中没有确定规律性的松散区段的构象称为无规卷曲。

链　接

牛海绵状脑病及其防护措施

牛海绵状脑病又称疯牛病，是由朊病毒蛋白引起的神经退行性病变。1996 年，疯牛病席卷了整个英国。朊病毒蛋白有正常型和致病型两种构象，主要区别在于其空间构象上的差异，正常型仅存在 α 螺旋，而致病型有多个 β 折叠。朊病毒蛋白分子二级结构由 α 螺旋转变为 β 折叠后，可导致疯牛病的发生。疯牛病感染因子能通过消化道进入人体，食用病牛肉是人感染的重要途径，感染因子主要集中于中枢神经系统，血液、尿液和粪便几乎没有传染性，传播能力较低，发生医源性传播的概率非常低，与患者的日常接触也不会传染。尽管如此，由于此病病死率为 100%，一旦发生医源性传播，后果将不堪设想，因此医院感染防控意识千万不能松懈，应该严格按照规范要求做好防控工作。

考点　维系二级结构化学键

（二）蛋白质的三级结构

蛋白质的三级结构是指在二级结构基础上多肽链中所有原子包括主链和侧链进一步折叠、盘曲而形成的空间结构。维系三级结构稳定的化学键主要是侧链基团相互作用生成的各种次级键。只有一条肽链的蛋白质，三级结构是其最高级结构，单链蛋白质分子必须具备三级结构才有生物学活性。

（三）蛋白质的四级结构

许多蛋白质由两个或两个以上具有三级结构的亚单位组成，蛋白质的每条肽链形成的相对独立的三级结构被称为一个亚基。蛋白质四级结构指分子中亚基的种类、数量及相互关系。单独的亚基一般没有生物学功能。维系四级结构的非共价键主要是疏水键、范德瓦耳斯力（范德华力），还有离子键和氢键。

蛋白质分子一级、二级、三级、四级结构之间的关系见图 2-5。

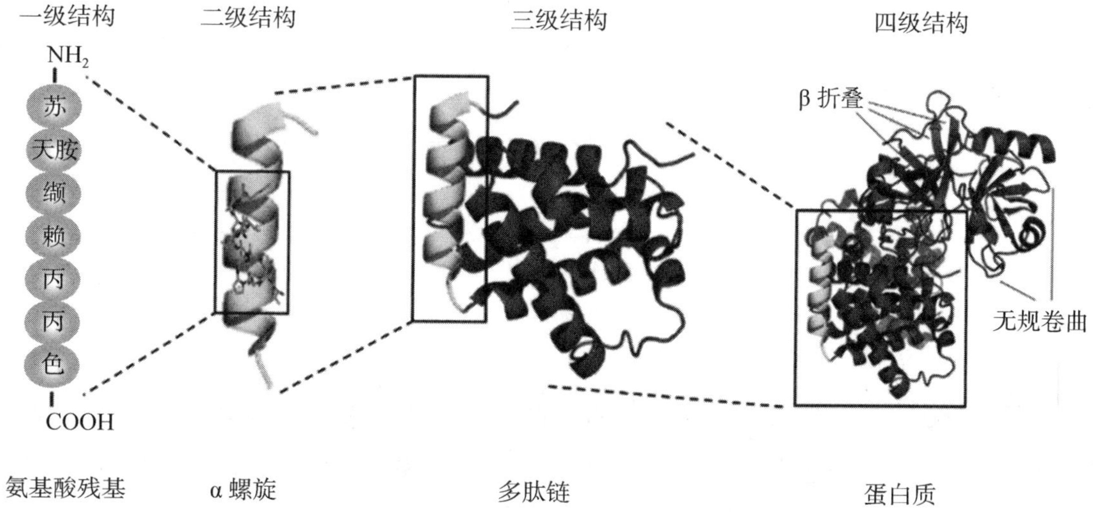

图 2-5　蛋白质一级、二级、三级、四级结构关系

四、蛋白质结构与功能的关系

蛋白质的结构与功能具有高度统一性，甚至个别氨基酸的变化就能引起蛋白质功能的改变或丧失。蛋白质分子结构不同，其生物学功能也不同。蛋白质的一级结构是其空间结构和生物学功能的基础，一级结构决定空间结构，但并非决定空间结构的唯一因素，空间结构是生物活性的直接体现。

第 3 节　蛋白质的理化性质和分类

案例 2-1

以下是术前常见准备工作：①手术室保持整洁，紫外线照射不低于 1 小时；②将手术专用器械及敷料备齐、刷净、包好，按要求进行高压蒸汽灭菌并标注灭菌日期；③手术人员使用手术专用洗手液按照七步洗手法清洗双手及上臂，用手术专用消毒凝胶涂抹双臂、双手，穿无菌手术衣，戴无菌手套；④患者手术区域备皮，术前用 5% 碘伏消毒两次。

问题：术前采取上述措施的目的是什么？分析说明其原理。

一、蛋白质的两性解离与等电点

蛋白质分子既含有氨基、咪唑基、胍基等碱性基团，能发生碱性解离，成为阳离子，又含有羧基等酸性基团，能发生酸性解离，成为阴离子，所以蛋白质是两性电解质。蛋白质在溶液中以何种离子形式存在取决于溶液的 pH。

当蛋白质溶液处于某一 pH 时，蛋白质解离成正、负离子的趋势相等，即成为兼性离子，净电荷为零，此时溶液的 pH 称为该蛋白质的等电点（pI）（图 2-6）。当溶液的 pH ＞ pI 时，该蛋白质分子带负电荷，当溶液的 pH ＜ pI 时，该蛋白质分子带正电荷。

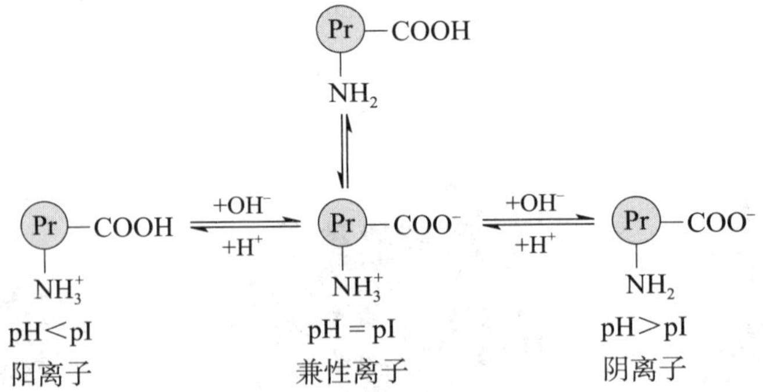

图 2-6　蛋白质的阳离子、兼性离子和阴离子

含酸性氨基酸较多的蛋白质，其等电点偏酸性；含碱性氨基酸较多的蛋白质，其等电点偏碱性。人体血浆中各种蛋白质的等电点不同，但大多数接近于 5.0，所以在血浆 pH 为 7.4 的环境下，大多数蛋白质在血液中解离成阴离子。

链 接

蛋白质电泳

电泳是指溶液中带电粒子在外电场的作用下向与其电性相反的电极移动的现象，利用该原理可以分离蛋白质分子。人血清中含有清蛋白，α_1、α_2、β、γ-球蛋白等多种蛋白质，它们的等电点各不相同，在 pH8.6 的缓冲液中都以阴离子状态存在，通电后都向阳极移动，由于它们所带电荷数目和分子量不同，在电场的作用下具有不同的迁移率，通电一定时间后，这几种蛋白质就可分开。

考点 等电点概念

二、蛋白质的胶体性质

蛋白质是生物大分子，分子量（相对分子质量）可自 1×10^4 至 1×10^6Da，分子直径可达 1 ～ 100nm，为胶体颗粒范围之内，所以其溶液为胶体溶液，具有不能透过半透膜、扩散速度慢等胶体溶液的性质。

蛋白质分子表面大多为亲水基团，所以其水溶液是稳定的亲水胶体溶液。蛋白质胶体溶液的稳定因素有两个：①蛋白质分子表面的水化膜。蛋白质分子表面有许多亲水基团，可吸引水分子，使其表面形成一层水化膜，从而阻断蛋白质分子的相互聚集，使蛋白质不易聚集沉淀。②蛋白质分子表面的同种电荷。在非等电点状态时蛋白质分子表面带有一定量的同种电荷，由于同种电荷互相排斥，使蛋白质分子不易发生碰撞而聚集沉淀（图 2-7）。

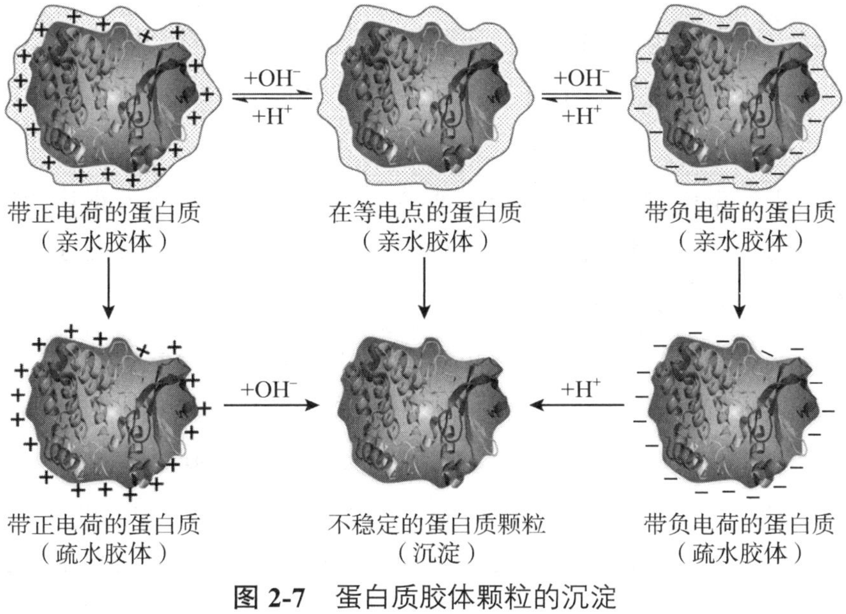

图 2-7　蛋白质胶体颗粒的沉淀

利用蛋白质分子的高分子性质可将它与小分子物质分开，也可以将大小不同的蛋白质分子分离。将含有小分子杂质的蛋白质溶液放在半透膜制成的袋内，置于蒸馏水或适宜的缓冲液中，小分子杂质从袋内析出，蛋白质得以纯化。根据溶液中物质分子量大小不同，利用半透膜将物质分离的过程称为透析（图 2-8）。

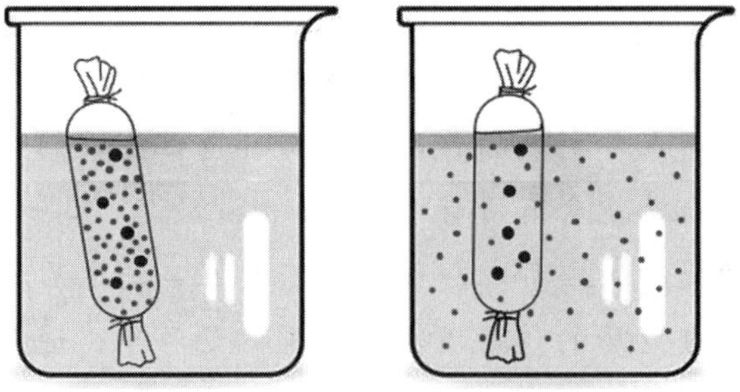

图 2-8 透析原理

●蛋白质分子；•小分子

链 接

透析疗法

透析是指穿过膜的选择性扩散过程，可用于分离分子量大小不同的溶质，低于膜所截留阈值分子量的物质可扩散穿过膜，高于膜截留阈值分子量的物质则被保留在半透膜的另一侧。透析疗法是利用半透膜原理使血液中的代谢废物和过多的电解质向透析液移动，透析液中的钙离子、碱基等向血液中移动，以此方式改善血液的状况，减轻症状、维持生命。临床上常用的透析方式包括血液透析和腹膜透析，另外还有结肠透析、口服透析等。

考点 蛋白质胶体溶液的稳定因素

三、蛋白质的沉淀

蛋白质从溶液中析出的现象称为蛋白质的沉淀。破坏蛋白质胶体溶液稳定的因素，蛋白质就会发生沉淀。变性的蛋白质易于沉淀，沉淀的蛋白质不一定变性。常用沉淀蛋白质的方法有以下几种。

1. 盐析法 是将大量中性盐加入到蛋白质溶液中，使蛋白质脱去水化膜而聚集沉淀。常用的中性盐有硫酸铵、硫酸钠和氯化钠等。盐析法一般不引起蛋白质变性，只需透析除去盐分，即可得到纯化的、保留原活性的蛋白质。

2. 有机溶剂沉淀法 是将一定量的有机溶剂加入到蛋白质溶液中使蛋白质表面的水化膜破坏，降低蛋白质的电离程度，使蛋白质分子容易聚集而沉淀。常用的有机溶剂有甲醇、乙醇和丙酮等。此法易引起蛋白质变性，若在低温下进行仍可保留原有活性。

3. 重金属盐沉淀法 蛋白质在碱性溶液中带负电荷，易与带正电荷的重金属离子（如 Hg^{2+}、Cu^{2+}、Pb^{2+}、Ag^{+} 等）结合成不溶性的蛋白质盐沉淀。此法常引起蛋白质变性。临床上抢救重金属盐中毒的患者时，常先给患者口服大量含蛋白质的液体（如牛奶、蛋清等），以生成不溶性蛋白质盐而减少重金属吸收，然后用催吐剂或通过洗胃将其排出体外。

4. 某些酸类沉淀法 将一定量的酸类（如苦味酸、磷钨酸、鞣酸、浓硝酸等）加入蛋白质溶液，其可与蛋白质的正离子反应生成不溶性盐而沉淀。此类沉淀反应在溶液的 $pH < pI$ 时进行。此法常引起蛋白质变性。临床血液化学分析时常利用此原理除去血液中的蛋白质，如检查尿中的蛋白质、制备无蛋白血滤液等。

考点 沉淀蛋白质的方法

四、蛋白质的变性

蛋白质在某些物理和化学因素的作用下，空间结构被破坏，导致其理化性质改变和生物学活性丧失的现象，称为蛋白质变性。蛋白质变性主要是维持蛋白质空间结构的次级键断裂，引起空间结构改变，其一级结构不发生改变。

引起蛋白质变性的物理因素有高温、高压、紫外线、X 线、超声波及强烈振荡等；化学因素有强酸、强碱、重金属盐、有机溶剂及生物碱试剂等。蛋白质变性后首先失去其生物活性，如酶失去催化能力、血红蛋白失去运输氧的功能、胰岛素失去调节血糖的生理功能等。蛋白质生物学性质的改变是变性作用最主要的特征。变性后的蛋白质还表现出理化性质的改变，如溶解度降低，易于沉淀，黏度增加，结晶能力消失，易被水解酶水解消化，生物学活性丧失等。

蛋白质变性在临床上应用广泛，如高温、高压、乙醇、紫外线可消毒灭菌；误服重金属盐中毒者，可口服牛奶或生蛋清以减缓重金属离子的吸收；在制备和保存某些有活性的酶、蛋白质或其他生物制品（如疫苗、抗毒素等）过程中，应在适宜低温下保存，以防止其变性失活。

多数蛋白质变性后不可逆，少数蛋白质在变性程度较低的情况下，去除变性因素又可恢复原来的结构与功能，称为蛋白质的复性。例如，核糖核酸酶经尿素和 *β*- 巯基乙醇作用变性后，用透析法去除尿素和 *β*- 巯基乙醇，可恢复其酶活性。

考点　蛋白质变性概念、实质及临床应用

五、蛋白质的紫外吸收性质

蛋白质分子中普遍含有酪氨酸和色氨酸。这些氨基酸分子的侧链基团中有共轭双键，具有紫外光吸收能力，在 280nm 波长处有一特征性吸收峰。在此波长范围内蛋白质的吸光度与其浓度成正比，因此可用于蛋白质的定量测定。

六、蛋白质的呈色反应

蛋白质分子中的肽键及侧链上各种特殊基团可以和某些试剂发生呈色反应，可利用这些反应对蛋白质进行定性、定量分析。

1. 茚三酮反应　蛋白质分子中的 *α*- 游离氨基与茚三酮反应，生成蓝紫色化合物。

$$\text{蛋白质} + \text{茚三酮} \longrightarrow \text{蓝紫色化合物}$$

2. 双缩脲反应　蛋白质在稀碱溶液中可以与硫酸铜共热反应生成紫色或红色络合物。

$$\text{蛋白质} + \text{双缩脲试剂} \longrightarrow \text{紫红色络合物}$$

3. 酚试剂反应　在碱性条件下，蛋白质分子中的色氨酸和酪氨酸与酚试剂中的磷钨酸和磷钼酸反应，生成蓝色化合物。此方法灵敏度较高，可用于微量蛋白质测定。

$$\text{蛋白质} + \text{酚试剂} \longrightarrow \text{蓝色化合物}$$

七、蛋白质的分类

自然界蛋白质种类繁多，功能复杂。为了方便学习、研究，目前蛋白质分类主要按蛋白

质的分子形状、化学组成和功能等进行划分。

1. 按蛋白质的分子形状分类　可将蛋白质分为球状蛋白质、纤维状蛋白质。

（1）球状蛋白质　蛋白质分子的长短轴相差不大，分子外形近似球状，水溶性较好。例如，血红蛋白、胰岛素、酶等，多属功能蛋白质。

（2）纤维状蛋白质　蛋白质分子的长短轴之比超过十倍，分子外形如长纤维，大多数不溶于水。例如，毛发、指甲中的角蛋白，皮肤、骨组织中的胶原蛋白和弹性蛋白等多属结构蛋白质，起支持作用。

2. 按化学组成分类　可将蛋白质分为单纯蛋白质、结合蛋白质。

（1）单纯蛋白质　是单纯由氨基酸组成的蛋白质，如清蛋白、球蛋白等。

（2）结合蛋白质　由单纯蛋白质和非蛋白质（又称辅基）两部分组成，如糖蛋白、脂蛋白、核蛋白、磷蛋白等。

3. 按功能分类　可将蛋白质分为酶蛋白、结合蛋白、调节蛋白、运输蛋白、胶原蛋白、受体蛋白等。

自 测 题

一、选择题

1. 蛋白质中的氮平均含量约为（　　）
   A. 6.25%　　B. 10%
   C. 19%　　D. 16%
   E. 24%

2. 蛋白质的基本组成单位是（　　）
   A. 多肽　　B. 二肽
   C. 氨基酸　　D. 一级结构
   E. 以上都不是

3. 测得某一蛋白质样品的氮含量为 2g，此样品约含蛋白质（　　）
   A. 2g　　B. 6.25g
   C. 12.5g　　D. 16g
   E. 32g

4. 维持蛋白质分子二级结构的主要化学键是（　　）
   A. 氢键　　B. 肽键
   C. 盐键　　D. 二硫键
   E. 疏水键

5. 只有一条肽链的蛋白质必须具备哪级结构才有生物学功能（　　）
   A. 一级　　B. 二级
   C. 三级　　D. 四级
   E. 五级

6. 亚基是指具有哪级结构的多肽链（　　）
   A. 一级　　B. 二级
   C. 三级　　D. 四级
   E. 都不是

7. 蛋白质在等电点时（　　）
   A. 分子不带电荷
   B. 分子净电荷为零
   C. 易被蛋白酶水解
   D. 分子易变性
   E. 溶解度增加

8. 蛋白质溶液稳定的因素是（　　）
   A. 蛋白质溶液有黏性
   B. 蛋白质分子颗粒极小
   C. 蛋白质分子带电荷
   D. 蛋白质分子在溶液中做布朗运动
   E. 蛋白质分子表面的水化膜和同性电荷

9. 下列哪种因素不是引起蛋白质变性的化学因素（　　）

A. 强酸　　B. 强碱

C. 煮沸　　D. 乙醇

E. 有机溶剂

10. 蛋白质变性是由于（　　）

A. 蛋白质一级结构的改变

B. 蛋白质亚基的解聚

C. 蛋白质空间构象被破坏

D. 某些酸类沉淀蛋白质

E. 不易被胃蛋白酶水解

二、填空题

1. 组成蛋白质的元素主要有________、________、________、________、________。

2. 构成人体蛋白质的氨基酸有________种。

3. 维系蛋白质一级结构的化学键是________。

4. 蛋白质二级结构有________、________、________、________。

5. 当蛋白质溶液的 pH=pI 时，蛋白质主要以________离子形式存在；pH > pI 时，蛋白质主要以________离子形式存在；pH < pI 时，蛋白质主要以________离子形式存在。

6. 沉淀蛋白质的方法有________、________、________、________。

（陈　方）

第3章 核酸化学

1868 年，瑞士外科医生米歇尔（F.Miescher）从外伤渗出的脓细胞中分离出一类含有磷的酸性化合物，最初称之为核素，后来被命名为核酸。

核酸是一类含磷的生物信息大分子，是生物遗传的物质基础，生物的生长、发育、繁殖、遗传与变异均与核酸密切相关。根据化学组成的不同，核酸分为两大类：一类为脱氧核糖核酸（DNA），是遗传信息的储存和携带者，主要存在于细胞核染色质中，是物质保持进化、世代繁衍的物质基础；另一类为核糖核酸（RNA），参与遗传信息的传递与表达，主要分布在细胞质中。

第 1 节　核酸的分子组成

一、核酸的元素组成

核酸分子主要由 C、H、O、N、P 五种元素组成，其中 P 的含量比较恒定，为 9% ～ 10%，主要以磷酸的形式存在。

二、核酸的基本组成单位——核苷酸

核酸在核酸酶的催化作用下水解，首先得到核苷酸，核苷酸进一步水解成核苷（或脱氧核苷）与磷酸，核苷（或脱氧核苷）彻底水解后得到戊糖和碱基。因此核酸的基本组成单位是核苷酸，而核苷酸则由碱基、磷酸和戊糖 3 种成分组成。

核酸 ⟶ 核苷酸 ⟶ {磷酸；核苷 {戊糖；碱基}}

（一）核酸的基本组成成分

1. 戊糖　是核酸的重要组成成分，含有五个碳原子，也称五碳糖。DNA 分子中所含的戊糖是 *D*-2′- 脱氧核糖，RNA 分子中所含的戊糖是 *D*- 核糖（图 3-1）。

D-核糖（组成RNA）　　*D*-2′-脱氧核糖（组成DNA）

图 3-1　戊糖结构示意图

2. 碱基 核酸分子中的碱基（也称含氮碱基）有两类，分别为嘌呤和嘧啶，均属于含氮杂环化合物（图 3-2）。嘌呤包括腺嘌呤（A）和鸟嘌呤（G）；嘧啶包括胞嘧啶（C）、尿嘧啶（U）和胸腺嘧啶（T）。

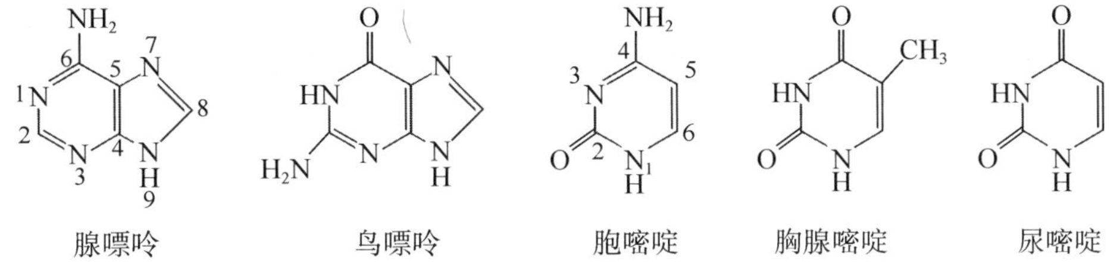

图 3-2 嘌呤和嘧啶

DNA 分子中主要含有 A、G、C、T 四种碱基，RNA 分子主要含有 A、G、C、U 四种碱基。两类核酸的基本组成成分如表 3-1 所示。

表 3-1 两类核酸的基本组成成分

基本成分	RNA	DNA
磷酸	磷酸	磷酸
戊糖	*D*- 核糖	*D*-2′- 脱氧核糖
碱基	腺嘌呤（A）、鸟嘌呤（G）、胞嘧啶（C）、尿嘧啶（U）	腺嘌呤（A）、鸟嘌呤（G）、胞嘧啶（C）、胸腺嘧啶（T）

（二）核苷酸

1. 核苷 含氮碱基与戊糖通过糖苷键脱水缩合形成的化合物称为核苷或脱氧核苷。糖苷键是由戊糖 C-1′ 上的羟基与嘌呤碱的 N-9 或嘧啶碱的 N-1 上的氢脱水缩合形成（图 3-3）。根据碱基的不同，将核苷分为嘌呤类核苷和嘧啶类核苷；根据戊糖的不同，将核苷分为核糖核苷和脱氧核糖核苷。例如，鸟嘌呤与核糖缩合称为鸟嘌呤核糖核苷，简称鸟苷。同样，其他的核苷简称为腺苷、胞苷、尿苷。脱氧核糖核苷分别简称为脱氧腺苷、脱氧鸟苷、脱氧胞苷、脱氧胸苷等。

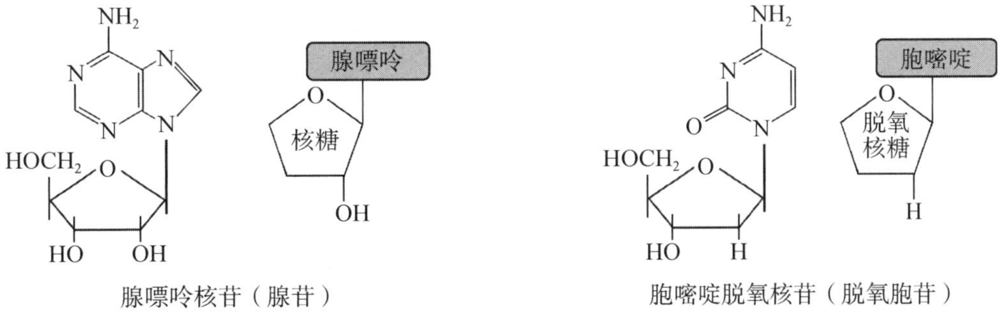

图 3-3 核苷结构示意图

2. 核苷酸 核苷中戊糖 C-5′ 上的羟基与磷酸通过磷酸单酯键结合成核苷酸（图 3-4）。戊糖为核糖的核苷酸称为核糖核苷酸（简称核苷酸），共四种，分别为 AMP、GMP、CMP 及 UMP；戊糖为脱氧核糖的核苷酸称为脱氧核糖核苷酸（简称脱氧核苷酸），共四种，分别为 dAMP、dGMP、dCMP 及 dTMP（表 3-2）。

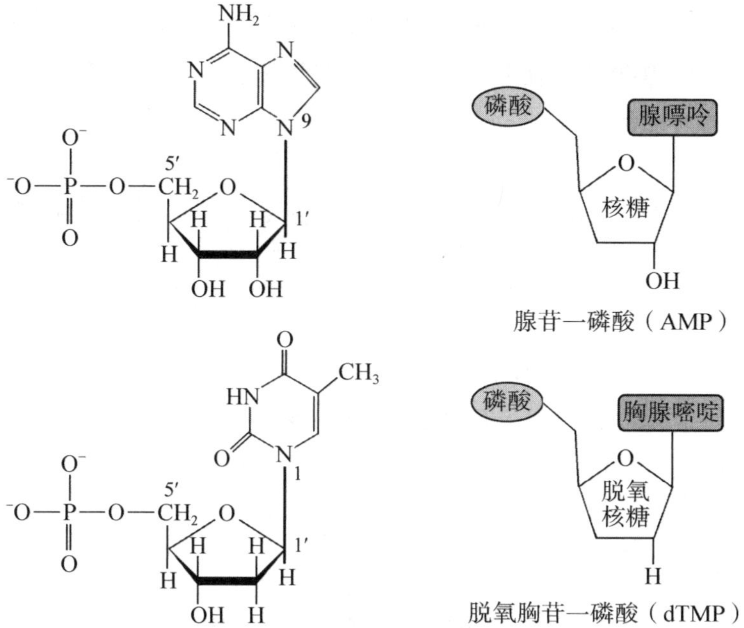

图 3-4 核苷酸结构示意图

表 3-2 构成 RNA 和 DNA 的碱基、核苷及核苷酸

构成	RNA	DNA
碱基	A、G、C、U	A、G、C、T
核苷	腺苷	脱氧腺苷
	鸟苷	脱氧鸟苷
	胞苷	脱氧胞苷
	尿苷	脱氧胸苷
核苷酸	腺苷酸（腺苷一磷酸，AMP）	脱氧腺苷酸（脱氧腺苷一磷酸，dAMP）
	鸟苷酸（鸟苷一磷酸，GMP）	脱氧鸟苷酸（脱氧鸟苷一磷酸，dGMP）
	胞苷酸（胞苷一磷酸，CMP）	脱氧胞苷酸（脱氧胞苷一磷酸，dCMP）
	尿苷酸（尿苷一磷酸，UMP）	脱氧胸苷酸（脱氧胸苷一磷酸，dTMP）

第 2 节 核酸的结构与功能

案例 3-1

在犯罪现场，警方发现了一根毛发，运用现代生物技术手段——DNA 检测，最终成功锁定了犯罪嫌疑人。

问题： 1. 帮助警方锁定犯罪嫌疑人的是毛发上的何种物质？

2. 这种物质为什么可以锁定犯罪嫌疑人？

一、核酸的基本结构

核酸分子中，前一个核苷酸的 C-3′ 上的羟基与下一个核苷酸的 C-5′ 上的磷酸脱水缩合形成 3′，5′- 磷酸二酯键。两个核苷酸之间借磷酸二酯键连接成二核苷酸；几个或几十个核苷酸相连成为寡核苷酸；上百个以至千百万个核苷酸连接起来，就成为多聚核苷酸链，即核酸。多聚核苷酸链的两个末端分别称为5′端和3′端，因此核酸具有方向性，书写时，常用自左向右按碱基顺序排列的方式，左侧标出5′端，右侧标出3′端。核苷酸连接的方向性与书写方式如图3-5所示。

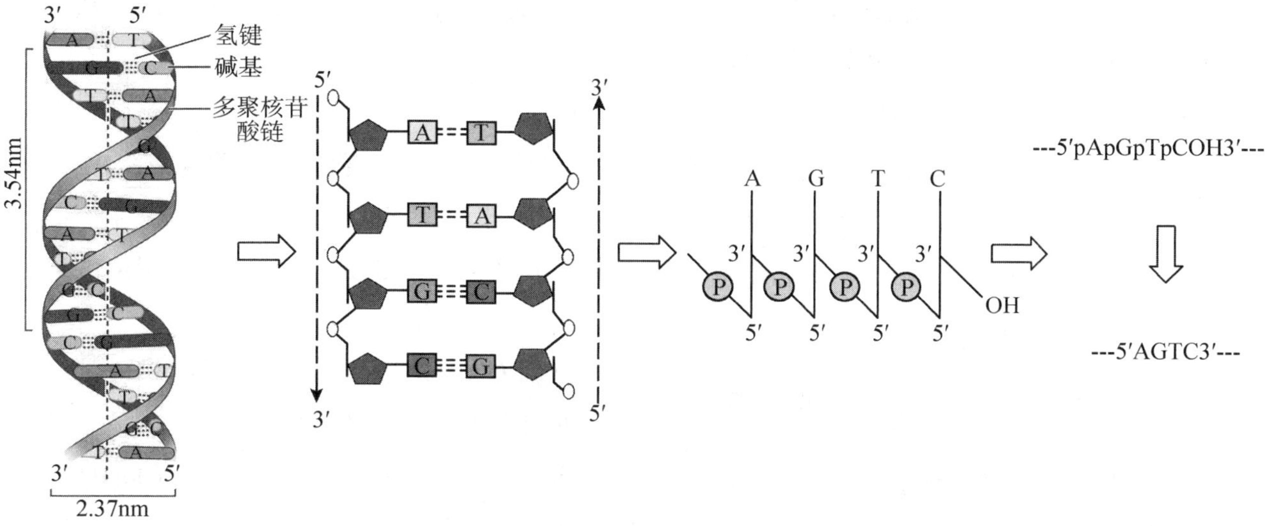

图3-5 DNA结构示意图及其书写方式

核酸的基本结构是指核酸分子中核苷酸的排列顺序。由于核苷酸之间的差异主要是碱基的不同，因此核酸的基本结构也指碱基的排列顺序。碱基的排列顺序不同，表示核酸携带的遗传信息不同。碱基顺序发生改变，生物遗传性状有可能发生变异。

二、核酸的空间结构

核酸的空间结构分别是二级结构与三级结构。

（一）DNA的空间结构

1953年，英国剑桥大学的两位青年学者沃森（Watson）和克里克（Crick）根据当时的科研成果，提出了著名的DNA双螺旋结构模型，确立了DNA的二级结构（图3-5），这一成果被视为分子生物学诞生的标志。1989年，美国科学家用扫描隧道显微镜观察到脱氧核糖核酸的双螺旋结构；1990年，我国科学家白春礼用自己研制的扫描隧道显微镜观察到人们尚未认知的三链脱氧核糖核酸，为生命信息的研究开辟了新的途径。

DNA双螺旋结构的要点如下。

（1）DNA分子是由两条多聚脱氧核苷酸链围绕共同中心轴以右手螺旋方式盘旋形成双螺旋结构。两条脱氧核苷酸链反向平行，一条链3′→5′走向，另一条链5′→3′走向。

（2）相邻碱基对平面之间的垂直距离为0.34nm，螺旋每一周平均约有10.5个碱基对，螺距为3.54nm，双螺旋的直径为2.37nm。

（3）两条链之间的碱基按照严格的碱基互补配对原则，通过氢键形成碱基对。碱基C与G配对，之间形成三个氢键；碱基A与T配对，之间形成两个氢键，这种配对规律称为碱基互补规律。配对的碱基称为互补碱基；通过碱基互补结合而成的两条链彼此称为互补链。

（4）在 DNA 分子的两条链中，亲水的脱氧核糖和磷酸构成双链的骨架，位于螺旋的外侧，碱基位于螺旋的内侧，碱基平面与中轴垂直。碱基对之间的氢键和碱基平面之间的碱基堆积力是维持双螺旋结构稳定的主要力量。

DNA 的三级结构是指 DNA 双螺旋在二级结构的基础上进一步缠绕盘曲形成的结构。天然状态的环状 DNA 多扭曲成麻花状超螺旋结构。

（二）RNA 的空间结构

RNA 的分子量（相对分子质量）比较小，一般是由几十至几千个核苷酸构成。RNA 分子通常以单链形式存在。单链可在某些节段回折形成局部双螺旋区，回折处形成碱基对时，A 与 U 配对，G 与 C 配对；无法配对的碱基膨出形成环状。局部形成的双链与膨出的环状形成发夹样结构（图 3-6）。

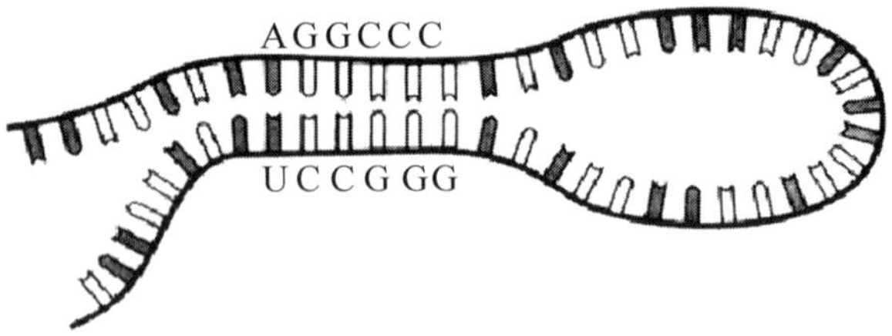

图 3-6 RNA 二级结构特点

目前对 tRNA 的二级结构了解得较清楚，所有的 tRNA 均有 3 个发夹样结构，呈三叶草形，包括四臂（螺旋区）、三环（DHU 环、TΨC 环、反密码子环）和 1 个附加叉（可变环）。反密码子环位于三叶草形结构的顶端，由 7 个核苷酸组成，中间的 3 个构成反密码子，在蛋白质生物合成时，tRNA 上的反密码子可按碱基互补规律识别 mRNA 上相应的密码子，配对结合。反密码子环的对侧是氨基酸臂，由 5′ 端和 3′ 端部分碱基组成，是氨基酸结合的部位，故 tRNA 起活化和转运氨基酸的作用。

RNA 分子在二级结构的基础上进一步折叠成三级结构，tRNA 的三级结构呈倒 L 形（图 3-7）。

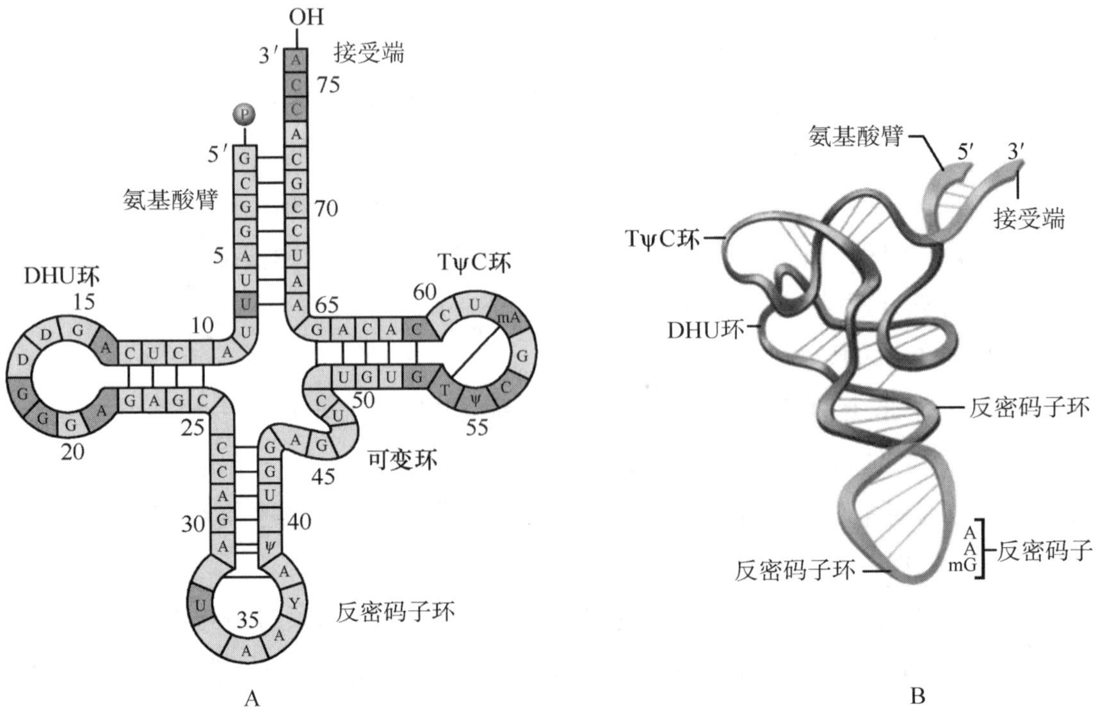

图 3-7 tRNA 的二级结构（A）和三级结构（B）

三、核酸的功能

（一）DNA的功能

DNA的基本功能是生物遗传信息的携带者，是复制和转录的模板，决定了蛋白质中氨基酸的排列顺序。

（二）RNA的功能

RNA的种类很多，在细胞中发挥多种作用，根据RNA在蛋白质生物合成中的作用不同，将参与蛋白质合成的主要RNA分为三类：信使RNA（mRNA）、转运RNA（tRNA）、核糖体RNA（rRNA）。

1. mRNA　每3个相邻的核苷酸为一组，在蛋白质合成时代表一个特定的氨基酸，这种核苷酸三联体称为密码子。

2. tRNA　起活化和转运氨基酸的作用。

3. rRNA　主要与核糖体蛋白质结合在一起，组成核糖体，是蛋白质合成的场所。

四、几种重要的核苷酸

核苷酸除了构成核酸之外，还有一些游离存在于细胞内。其含量虽少，但却有非常重要的生理功能。

（一）核苷多磷酸

生物体内的核苷酸大多是5′-核苷酸（核苷一磷酸，NMP），核糖或脱氧核糖第五位碳原子上的磷酸基可进一步磷酸化，生成核苷二磷酸（NDP）和核苷三磷酸（NTP）。例如，腺苷一磷酸（AMP）磷酸化后生成腺苷二磷酸（ADP）和腺苷三磷酸（ATP）（图3-8）。

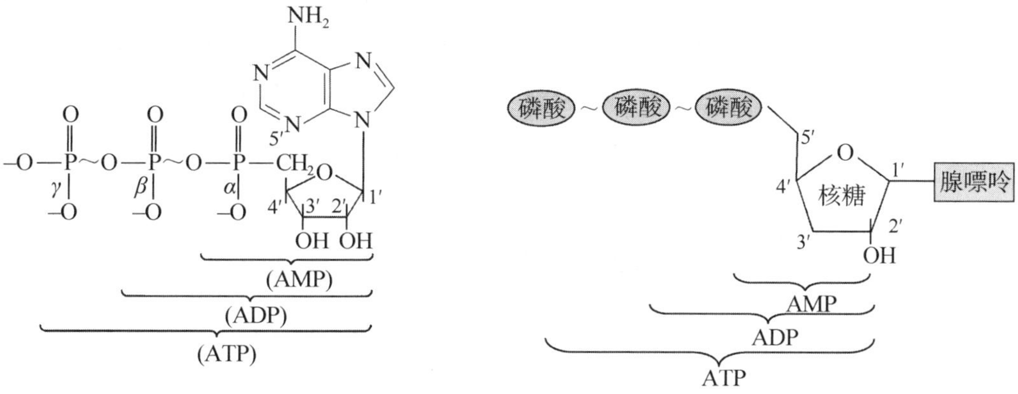

图3-8　腺苷多磷酸

结构式中的“～”表示高能键。ADP和ATP含有高能磷酸键，均为高能化合物，ATP分解为ADP时可释放出能量，供体内生物化学反应和功能活动的需要。体内存在的各种核苷多磷酸如UTP、CTP、GTP等参与糖原、磷脂、蛋白质的生物合成反应，同时也是核酸的合成原料。

（二）环核苷酸

ATP和GTP可在环化酶的催化下分别形成3′，5′-环腺苷酸（cAMP）（图3-9）和3′，5′-

环鸟苷酸（cGMP）（图 3-12），它们是生物体内两种重要的环核苷酸。cAMP 和 cGMP 在细胞内含量甚微，但分布广泛，一些激素、神经递质及化学介质等信息分子是通过 cAMP 和 cGMP 发挥生理功能的，因此它们是细胞之间信息传导的第二信使。

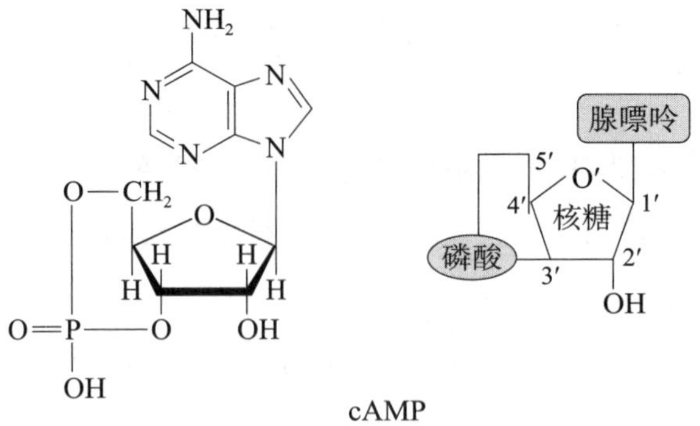

cAMP

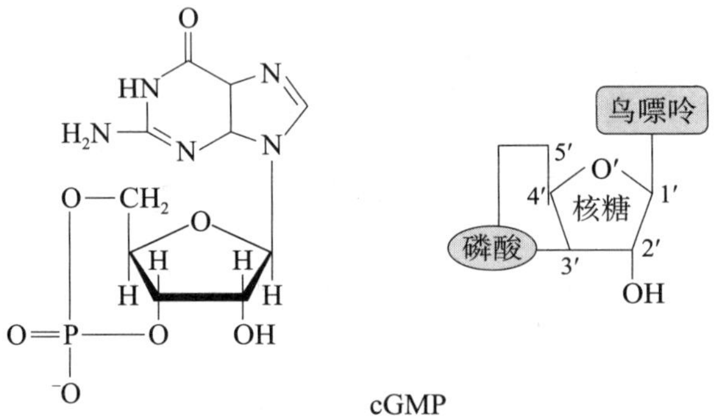

cGMP

图 3-9 3′，5′- 环腺苷酸和 3′，5′- 环鸟苷酸

（三）辅酶类核苷酸

体内一些辅酶或辅基的组成成分中含有核苷酸。辅酶 Ⅰ（烟酰胺腺嘌呤二核苷酸，NAD^+）和辅酶 Ⅱ（烟酰胺腺嘌呤二核苷酸磷酸，$NADP^+$）、黄素单核苷酸（FMN）和黄素腺嘌呤二核苷酸（FAD）、辅酶 A（CoA-SH）等都有核苷酸的结构。它们在糖、脂肪和蛋白质等物质代谢中传递氢和某些化学基团。

自 测 题

一、选择题

1. 在 RNA 中存在，但在 DNA 中不存在的碱基是（　　）
   A. 胞嘧啶　　B. 尿嘧啶
   C. 鸟嘌呤　　D. 腺嘌呤
   E. 胸腺嘧啶
2. 在体内可以游离存在但不参与核酸合成的核苷酸是（　　）
   A. AMP　　B. GMP
   C. CMP　　D. cAMP
   E. UMP
3. 在多聚核苷酸链中，核苷酸间的连接方式是（　　）
   A. 糖苷键
   B. 氢键
   C. 3′，5′- 磷酸二酯键
   D. 磷酸键
   E. 肽键

4. DNA的二级结构是（　　）

A. 双螺旋　　B. α 螺旋

C. 麻花状　　D. 三叶草

E. β 转角

5. DNA的双螺旋结构是（　　）

A. 碱基C与T之间可以配对

B. 由两条平行的多聚核苷酸链形成

C. 由一条多聚核苷酸链形成

D. 碱基对之间通过共价键结合

E. 由两条反向平行的多聚脱氧核苷酸链形成

6. 以下可以构成脱氧核苷酸的是（　　）

A. 磷酸、核糖、尿嘧啶

B. 磷酸、脱氧核糖、尿嘧啶

C. 磷酸、脱氧核糖、胸腺嘧啶

D. 磷酸、核糖、胞嘧啶

E. 磷酸、核糖、胸腺嘧啶

7. 作为第二信使参与细胞之间的信息传导的核苷酸是（　　）

A. GTP　　B. cAMP

C. ATP　　D. CTP

E. UTP

二、填空题

1. 组成核酸的基本单位是________。

2. 组成核苷酸的成分是________、________、________。

3. 组成核酸的戊糖有________和________两种，根据所含戊糖的不同可将核酸分为________和________两大类。

4. 核酸中的碱基有________和________两大类。

5. 维持核酸一级结构稳定的主要化学键是________。

6. DNA主要存在于________，并与________结合而集中在染色体。

7. RNA主要存在于________，根据其功能又可分为________、________、________三种。

8. 维持DNA双螺旋结构的作用力主要是________和________。

9. 核酸中的嘌呤包括________和________，嘧啶包括________、________、和________。

10. DNA分子中的碱基配对是________、________，RNA分子双链区中的碱基配对是________、________。

（张源麟）

第4章
酶

第1节　概　　述

案例 4-1

英国著名生物化学家、微生物学家——亚历山大·弗莱明不仅是青霉素的发明者，还是溶菌酶的发现者。

1921年冬天，得了重感冒的弗莱明仍然坚持在伦敦圣玛丽医院工作，借此机会，他开始研究导致感冒的病原体。他从自己的鼻腔中取出一些黏液（鼻涕），滴在固体培养基上。两周后，弗莱明发现培养基中长满了藤黄微球菌菌落，但是黏液周围却出现了另一种外观呈半透明状的“菌落”（细菌溶解所致的抑菌圈）。他对此反复试验和研究，最终发现一种可以溶解细菌的酶类。1922年，弗莱明发表论文宣布溶菌酶被正式发现。

虽然这种酶的杀菌能力不强，且对多种病原菌都没有作用。但后续的研究证明溶菌酶能专一性地作用于目的微生物的细胞壁，是一种无毒、安全性很高的蛋白酶，近年来已广泛运用于食品添加剂、医疗和生物工程。

问题： 1. 什么是酶？其化学本质是什么？

2. 酶只在生物体内发挥功效吗？

一、酶的概念

新陈代谢是生物体进行生命活动的基本要素之一，体内的新陈代谢是通过一系列复杂、高效、有序的生物化学反应来完成的。这些化学反应能够在生物体内温和的条件下进行，有赖于体内存在的一类特殊生物催化剂——酶（E）的催化作用。因此，酶是生物体维持生命活动的重要物质，没有酶就没有生命活动。

酶是一类由活细胞产生的具有高效催化功能的生物大分子，绝大多数酶是由蛋白质所构成。近些年来发现，某些核酸类物质也具有催化作用，如核酶。本章主要介绍蛋白质属性的酶。

由酶所催化的化学反应称为酶促反应，在酶促反应中被酶催化的物质称为底物（S），反应所生成的物质称为产物（P）。酶在反应中所具有的催化能力称为酶的活性，酶如果失去催化能力，则称为酶失活。

考点 酶的概念

二、酶促反应的特点

酶作为一种生物催化剂，具有一般催化剂的特征，如：①酶只能加快化学反应的速度，而其自身的质和量在反应前后未改变；②只能催化热力学允许的化学反应；③可以缩短化学反应达到平衡所需的时间，但不能改变反应的平衡点，即平衡常数。同时，酶又具备不同于一般催化剂的特殊属性。

（一）催化效率极高

酶具有极高的催化效率，通常对于同一反应来说，酶催化的反应速率比一般催化剂高 $10^7 \sim 10^{13}$ 倍，比非催化反应高 $10^8 \sim 10^{20}$ 倍。

（二）高度专一性

酶催化作用的专一性是指酶对其催化的底物或化学反应具有严格的选择性。即一种酶只能作用一种或一类底物，或一定的化学键，生成一定的产物。根据酶对其选择催化的底物的严格程度和要求不同，酶的专一性可分为三种类型。

1. 绝对专一性　是指一种酶只能催化一种底物发生反应，生成一定的产物。例如，脲酶只催化尿素水解，淀粉酶只水解淀粉。

2. 相对专一性　是指酶可作用于一类底物或一种化学键。例如，*α-D-* 葡萄糖苷酶对果糖、麦芽糖都具有催化作用。此酶水解 *α-* 糖苷键，且要求 *α-* 糖苷键的一端必须是葡萄糖，果糖和麦芽糖均具有这种结构。

3. 立体异构专一性　是指一种酶只对某一底物的一种立体异构体起催化作用并发生反应。例如，*L-* 乳酸脱氢酶只作用 *L-* 乳酸脱氢生成丙酮酸，而对 *D-* 乳酸无催化作用。

（三）高度不稳定性

绝大多数酶的化学本质是蛋白质，凡可以使蛋白质发生变性的物理或化学因素均可导致酶发生变性，失去活性。鉴于此特点，酶促反应通常是在较为温和的条件（常温、常压、pH 接近中性）下进行的，同时在临床上测定某种酶的活性时，需要选择其最适条件，以发挥酶的最大活性。

（四）酶活性的可调节性

酶的催化活性受多种因素（如抑制剂、激活剂、酶原激活、激素等）的调控而发生变化，从而使机体适应内、外环境的不断变化并满足生命活动的需要。

考点 酶促反应的特点

三、酶的命名与分类

（一）酶的命名

1. 习惯命名法　主要根据酶催化的底物、反应性质、酶的来源及其他特性命名。例如，淀粉酶、氨基转移酶、琥珀酸脱氢酶等。此方法简单易懂，应用历史较长，但缺乏系统性，易出现使用混乱的问题。

2. 系统命名法　1961 年国际酶学委员会提出了系统命名法，此方法以酶的分类为依据，规定每种酶都有一个系统名称、推荐名称并附有一个 4 位数字的分类编号。其中系统名称要明确标明酶的所有底物和反应性质，如果底物数量多于 1 个，要在底物名称之间用“：”分隔。但系统名称过于复杂烦琐，使用起来较为不便，因此酶学委员会又从每一种酶的多个习惯名称中选定一个简便实用的命名用作推荐名称。而酶的编号是以 EC 打头，其后的 4 个数字分别表示酶的类、亚类、亚 - 亚类和在亚 - 亚类中的排序。例如：谷草转氨酶（推荐名称），其系统名称为 *L*- 天冬氨酸：*α*- 酮戊二酸氨基转移酶，编号为 EC 2.6.1.1。

（二）酶的分类

国际酶学委员会按照酶催化的反应类型，将酶分为六大类。

1. 氧化还原酶类　催化底物发生氧化还原反应的酶类，如琥珀酸脱氢酶等。

2. 转移酶类　催化底物之间发生基团转移或交换反应的酶类，如氨基转移酶等。

3. 水解酶类　催化底物发生水解反应的酶类，如唾液淀粉酶、胃蛋白酶等。

4. 裂解酶类（或裂合酶类）　催化底物分子移去一个基团并留下双键的反应或其逆反应的酶类，如醛缩酶、柠檬酸合酶等。

5. 异构酶类　催化底物的各种同分异构体间相互转变的酶类，如磷酸丙糖异构酶等。

6. 合成酶类（或连接酶类）　催化两分子底物合成为一分子产物，且伴有 ATP 的高能磷酸键断裂释放能量的酶类，如谷氨酰胺合成酶等。

第 2 节　酶的结构与功能

一、酶的分子组成

酶按照其化学分子组成不同，可分为单纯酶和全酶（结合酶）两类。

（一）单纯酶

完全由氨基酸组成的酶称为单纯酶。代表酶类有蛋白酶、淀粉酶、核酸酶、脂酶、脲酶等水解酶类。

（二）全酶

1. 概念　全酶是由蛋白质部分（酶蛋白）和非蛋白质部分（辅因子）组成，又称结合酶。其中酶蛋白决定酶促反应的专一性，辅因子决定酶促反应的类型。酶的催化活性有赖于全酶的完整性，酶蛋白和辅因子单独存在时均无催化能力，只有构成全酶后才具备催化活性。三者的关系可表示为：

全酶（结合酶）　=　酶蛋白　+　辅因子
（有活性）　　　　（无活性）　（无活性）

2. 辅因子的分类

（1）按其分子结构可分为两类：①一类是金属离子，如 Mg^{2+}、Zn^{2+}、Fe^{2+}、Cu^{2+}、K^{+} 等，其作用主要是稳定酶的空间分子构象、参与构成酶的活性中心、传递电子、中和阴离子、降低反应静电斥力。②另一类是小分子有机化合物，主要是由 B 族维生素及其衍生物构成，主要起到传递反应中的电子、质子或某些化学基团的作用（表 4-1）。

（2）按其与酶蛋白结合的紧密程度不同，也可分为两类：一类是辅基，它与酶蛋白结合紧密，不可以用超滤或透析等物理方法去除。绝大多数金属离子和一部分小分子有机化合物为辅基。另一类是辅酶，它与酶蛋白结合疏松，可以用超滤或透析等方法去除。辅酶多数是由 B 族维生素及其衍生物所构成。

表 4-1　B 族维生素与辅因子的关系

B 族维生素	辅助因子形式	主要作用	参与构成酶类
维生素 B_1	硫胺素焦磷酸（TPP）	脱羧	α- 酮酸脱氢酶复合体
维生素 B_2	黄素单核苷酸（FMN）	递氢	黄素酶
	黄素腺嘌呤二核苷酸（FAD）		
维生素 PP	烟酰胺腺嘌呤二核苷酸（NAD^+）	递氢	不需氧脱氢酶
	烟酰胺腺嘌呤二核苷酸磷酸（$NADP^+$）		
维生素 B_6	磷酸吡哆醛	转氨基	氨基转移酶
	磷酸吡哆胺	氨基酸脱羧	脱羧酶
泛酸	辅酶 A（CoA）	转酰基	酰基转移酶
生物素	生物素	传递 CO_2	羧化酶
叶酸	四氢叶酸（FH_4）	传递一碳单位	一碳单位转移酶
维生素 B_{12}	甲基钴胺素	转甲基	甲基转移酶

考点 酶的组成

二、酶的活性中心

（一）酶的必需基团与活性中心

在酶分子的氨基酸残基的侧链上有许多化学基团，这些基团并不全与酶的催化活性有关。只有那些与酶活性密切相关的基团称为酶的必需基团。必需基团在酶分子的一级结构上可能相距甚远，但在空间结构上却相互靠近，组成一个可以与底物特异性结合并催化底物转化为产物的特定空间区域，这一区域称为酶的活性中心。

（二）必需基团的分布

位于酶活性中心内的必需基团有两种：一种是结合基团，即能与底物特异性结合，形成酶 - 底物复合物的基团；另一种是催化基团，即可以催化底物转化为产物的基团。活性中心内的某些必需基团可兼具这两方面的功能。

另外，在酶的活性中心外有一些基团，虽然不直接参与底物的催化，但这些基团是维持酶分子的空间构象所必需的，称为活性中心外的必需基团（图 4-1）。

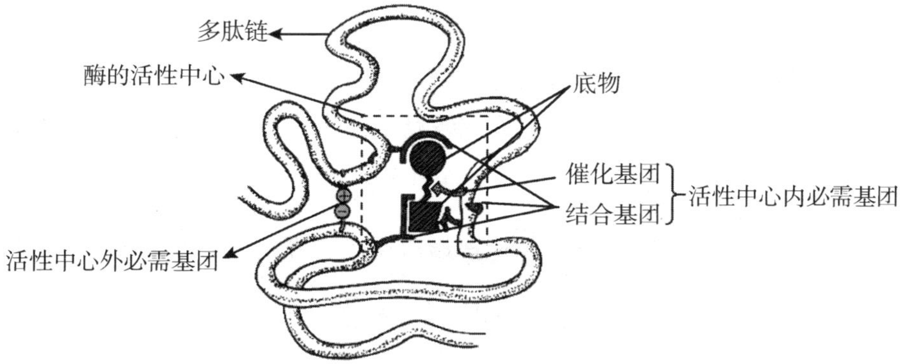

图 4-1　酶的活性中心示意图

考点 酶的活性中心的概念

三、酶原与酶原激活

（一）酶原与酶原激活的实质

有些酶在细胞内合成或初分泌时，无催化活性，这种无活性的酶的前体物质称为酶原。酶原在一定条件下转变成有活性的酶的过程称为酶原激活。其实质是：酶的分子结构发生改变，形成或暴露酶的活性中心的过程。

例如，胰腺细胞内合成的胰蛋白酶原随胰液进入肠道，受肠激酶的激活，会从多肽链的N端水解掉一个6肽片段，酶的分子构象发生改变，形成活性中心，使无活性的胰蛋白酶原变成有活性的胰蛋白酶（图4-2）。

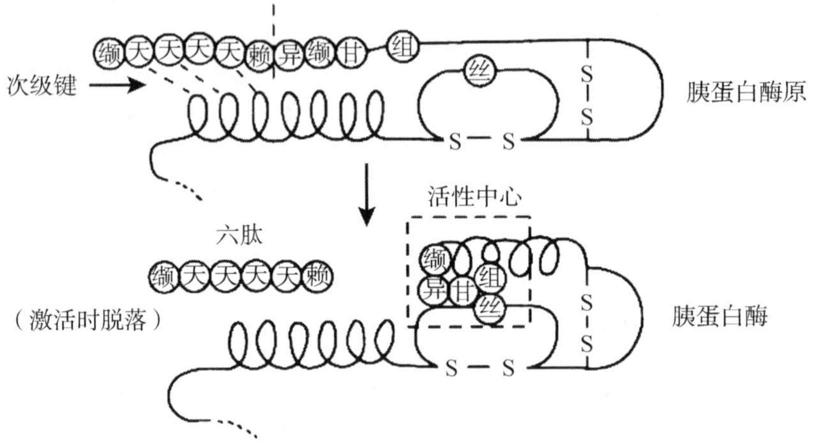

图 4-2 胰蛋白酶原激活过程示意图

（二）酶原激活的生理意义

酶原激活的生理意义在于既可以使酶原在机体的特定部位发挥催化活性，同时又可以保护自身的组织细胞，使其免受蛋白酶的水解消化。人体内的很多蛋白酶在初分泌时均以酶原的形式存在，在一定条件下才会转变为有活性的酶分子。例如，参与血液凝固的凝血酶类，只有在机体出血时，才会从凝血酶原激活为凝血酶，使血液发生凝固，防止机体大量出血。

链接

急性胰腺炎

机体在正常生理情况下，胰腺细胞合成并分泌的多种蛋白酶原会在进入小肠后才被激活为有活性的蛋白酶，进而对食物进行水解消化。在病理情况下，这些蛋白酶原在胰腺细胞和导管内就被激活，从而对自身组织细胞造成损伤，导致急性胰腺炎。

考点 酶原的概念、酶原激活的实质、酶原激活的生理意义

四、同工酶

同工酶是指催化的化学反应相同，但酶的分子构象、理化性质及免疫学特性均不同的一组酶。这些酶存在于同一机体的不同组织或同一细胞的不同亚细胞结构中，对机体的代谢调节有着重要的生理意义。对某些同工酶的测定可为诊断不同组织器官的疾病提供理论依据。

目前发现的同工酶有数百余种，如乳酸脱氢酶（LDH）、肌酸激酶（CK）等。

（一）乳酸脱氢酶

乳酸脱氢酶（LDH）是人类发现最早、研究最多的同工酶，共有五种，分别是由心肌型（H 型）和骨骼肌型（M 型）两种亚基按不同的比例组合而成的四聚体（图 4-3）。

图 4-3　LDH 同工酶的结构示意图

LDH 的同工酶在机体的不同组织器官中的分布和含量是不同的。其中，LDH_1 在心肌中含量最高，LDH_5 在肝脏和骨骼肌中含量较为丰富，而血清中 LDH_1 ～ LDH_5 的含量均较少，其活性规律为：$LDH_2 > LDH_1 > LDH_3 > LDH_4 > LDH_5$（表 4-2）。

表 4-2　人体不同组织器官 LDH 同工酶的分布　（单位：活性 %）

LDH 同工酶	LDH_1	LDH_2	LDH_3	LDH_4	LDH_5
血清	27	34.7	20.9	11.7	5.7
心肌	73	24	3	0	0
肝脏	2	4	11	27	56
肾脏	43	44	12	1	0
骨骼肌	0	0	5	16	79

临床上利用 LDH 同工酶在不同组织器官活性不同的特点，进行疾病的诊断和预后观察。例如，急性心肌梗死或心肌细胞受损的患者，其血清中 LDH_1 的含量会升高；而肝脏疾病患者血清中 LDH_5 的含量会明显上升（图 4-4）。

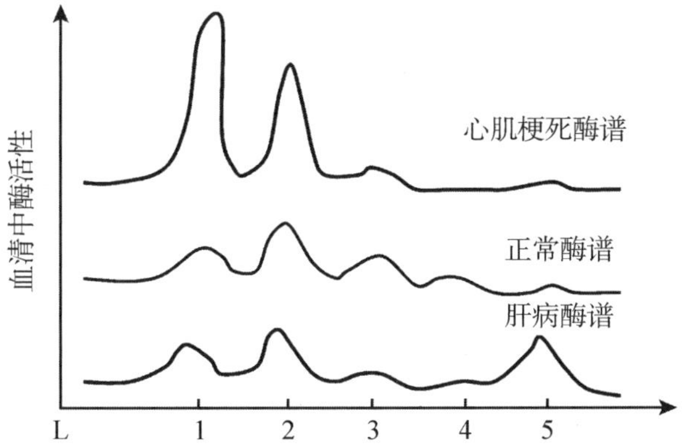

图 4-4　心肌梗死和肝病患者血清 LDH 同工酶谱的变化示意图

（二）肌酸激酶

肌酸激酶（CK）共有三种同工酶，分别是 CK_1（BB）、CK_2（MB）和 CK_3（MM），它们是由肌型（M 型）和脑型（B 型）两种亚基按不同比例构成的二聚体，可催化下列反应：

$$\text{肌酸} + \text{ATP} \xrightleftharpoons{\text{CK}} \text{磷酸肌酸} + \text{ADP}$$

CK_1 主要存在于脑组织中，CK_2 仅存在于心肌中，CK_3 在骨骼肌中含量占优势，血清中主要含有 CK_3。对血液中 CK 同工酶活性的测定，是诊断心肌、骨骼肌和脑组织是否发生疾病的重要指标之一。例如，心肌梗死患者血清中 CK_2 活性，在 3 ～ 6h 可升高，12 ～ 24h 达到峰值，3 ～ 4d 后恢复正常。因此，CK_2 活性的测定常作为临床早期心肌梗死的指标之一。

第3节　影响酶促反应的因素

案例 4-2

中药雄黄属于硫化物类矿物，主要成分是二硫化二砷，又称鸡冠石。雄黄具有解毒杀虫、燥湿祛痰的作用，可用于痈肿疔疮、蛇虫咬伤、虫积腹痛、惊痫、疟疾。但是须遵医嘱用药，如果用药过量不但起不到治病的效果，反而会引起机体中毒，危及生命。

问题：1. 雄黄引发机体中毒的机制是什么？

2. 你还知道哪些中药材使用过量会引起中毒？其主要成分是什么？

影响酶促反应速度的因素主要有底物浓度、酶浓度、温度、pH、抑制剂和激活剂等。在研究某一因素对酶促反应速度的影响时，应保持反应体系中的其他因素不变。

一、底物浓度

在酶浓度和其他条件不变的前提下，底物浓度 [S] 对酶促反应速度 V 的影响呈矩形双曲线关系。即：当 [S] 较低时，V 随 [S] 的增加而直线上升，二者成正比；随 [S] 的进一步增加，V 仍可继续提高，但上升幅度明显减慢，二者不再成正比；若继续增加 [S]，V 将不再增加，达到最大反应速度（V_{max}）（图 4-5）。

二、酶　浓　度

在酶催化的最适反应条件下，当底物浓度足够大时，酶浓度 [E] 与反应速度成正比例，即酶浓度越高，反应速度越快（图 4-6）。

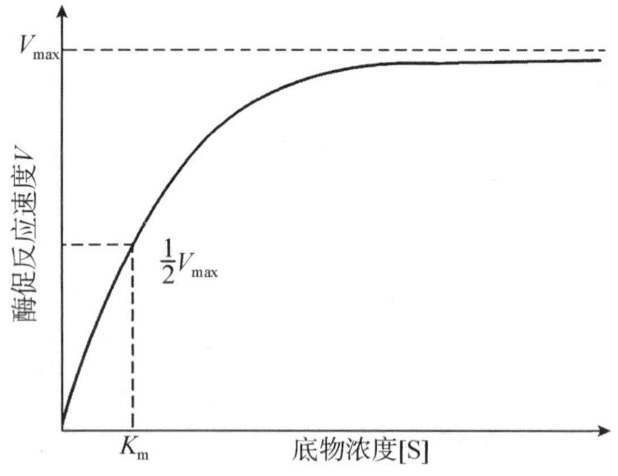

图 4-5　底物浓度对酶促反应速度的影响

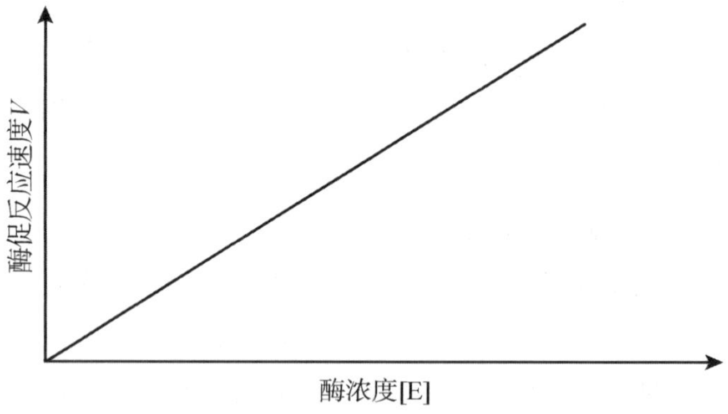

图 4-6　酶浓度对酶促反应速度的影响

三、温　　度

酶的化学本质是蛋白质，高温是引发蛋白质变性的物理因素，因此也可使酶失活。温度对酶促反应具有双重影响（图 4-7）。在低温范围内，酶活性随温度升高而增加，以达到最佳活性，酶促反应速度达到最大。酶促反应速度达到最大时的反应体系温度称为酶的最适温度。人体多数酶的最适温度在 37 ～ 40℃。当温度升高到 60℃以上时，多数酶会变性；当温度升高到80℃时，则发生不可逆的变性，高温灭菌就是利用此原理。

温度对酶促反应的影响在临床上具有重要的理论指导意义。低温条件下，酶活性处于抑制状态，温度回升后，酶活性恢复。因此在实际应用中，应低温保存菌种、疫苗、酶检测标本（如血清）等生物制剂。另外，临床上的低温麻醉技术就是利用此特性来降低组织细胞的代谢速率，以提高机体对手术中缺乏氧气和营养物质的不利环境的耐受性。

四、pH

环境pH对酶活性影响很大。酶促反应速度达到最大时的反应体系的pH称为酶的最适pH。在最适pH的两侧，随着pH的降低或增加，都会使酶活性降低，甚至失活。每一种酶都有一个最适pH，生物体内多数酶的最适pH接近中性，但也有例外，如胃蛋白酶最适pH约为1.8，胆碱酯酶最适pH约为9.8（图4-8）。

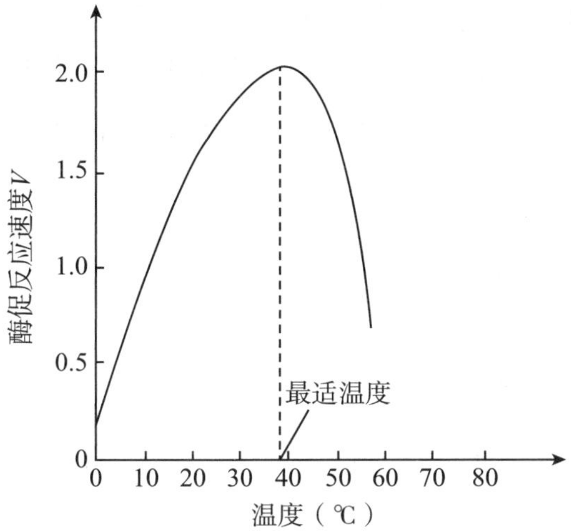

图4-7　温度对唾液淀粉酶活性的影响

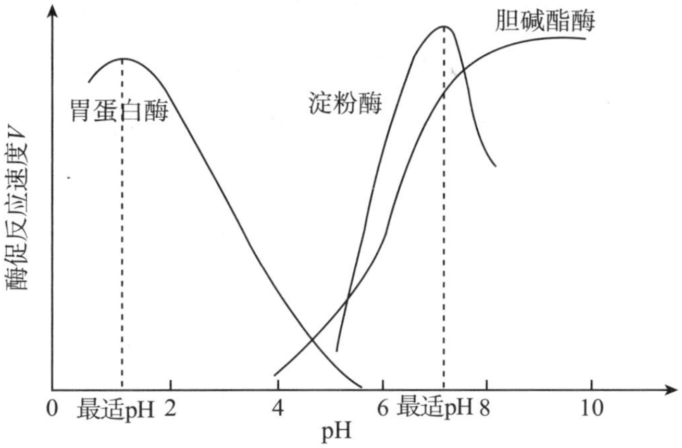

图4-8　pH对体内某些酶活性的影响

五、抑　制　剂

凡能使酶活性降低或丧失而不引起酶分子变性的物质称为酶的抑制剂（I）。根据酶（E）与抑制剂（I）结合的方式不同，可分为不可逆性抑制和可逆性抑制两类。

（一）不可逆性抑制

抑制剂与酶活性中心的必需基团以共价键结合，使酶失去活性，这种抑制方式称为不可逆性抑制。不能用透析、超滤等物理方法将抑制剂去除，必要时可以依靠某些药物解除抑制，恢复酶的活性。

1. 对羟基酶的抑制作用　例如，有机磷农药（敌百虫、敌敌畏等）能专一性地与胆碱酯酶活性中心上的羟基（—OH）结合，从而使酶失活（图4-9）。胆碱酯酶活性受抑制，造成乙酰胆碱在体内蓄积，引发胆碱能神经过度兴奋，继而出现腹痛、腹泻、心率减慢、呼吸困难等一系列中毒症状，甚至会诱发死亡。临床上常用的解毒方法是：在中毒早期使用解磷定等复活剂，它能与有机磷农药结合，使胆碱酯酶重新游离出来而恢复活性。

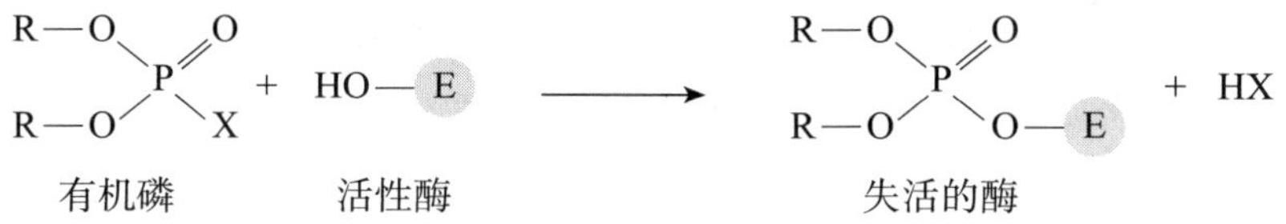

图 4-9 抑制剂对羟基酶的作用机制

链 接

有机磷农药对环境的污染

有机磷农药因高效、低毒等特点被广泛应用于农业生产，但其残留却对动植物和人类的健康构成了潜在威胁。在其生产和使用过程中，大量对动植物有害的物质进入环境中，会严重破坏生态环境。这引起国内外环境学家和农药学家的关注，并进行了大量有关的环境降解研究工作。目前，国内外有机磷农药污染的处理方法很多，如光化学降解、超声波空化法、超临界水氧化法、植物降解和微生物降解等，可归纳为物化法、化学法、生化法。

2. 对巯基酶的抑制作用　某些重金属离子，如 Hg^{2+}、Ag^{2+}、Pb^{2+} 等，以及含 As^{3+} 化合物可与巯基酶中的巯基结合，使其失去活性。第二次世界大战期间使用的“路易士气”就是一种含砷化合物，它可使体内的巯基酶活性受抑制而导致中毒。临床上常用含两个巯基的二巯基丙醇或二巯基丁二酸钠进行治疗，恢复巯基酶的活性（图 4-10）。

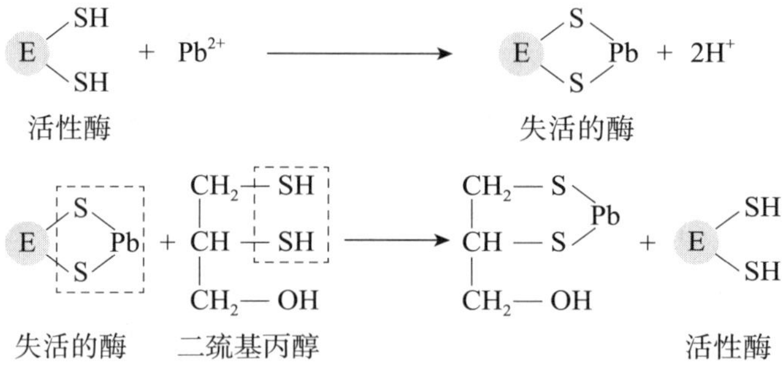

图 4-10 抑制剂对巯基酶的作用机制及解毒原理

（二）可逆性抑制

抑制剂与酶分子或酶 - 底物复合物以非共价键结合而引起酶活性降低或丧失，用透析、超滤等方法可将抑制剂去除而恢复酶的活性，这种抑制方式称为可逆性抑制。

1. 竞争性抑制　是指抑制剂结构与底物分子极为相似，可与底物竞争结合到酶的活性中心上，从而阻碍酶与底物结合形成中间产物（ES），起到抑制酶活性的作用。竞争性抑制作用的强弱取决于抑制剂和底物之间的相对浓度，在抑制剂浓度不变时，可以通过提高底物浓度来削弱或解除这种抑制作用。

磺胺类药物就是通过抑制剂对酶的竞争性抑制作用而研制的。某些对磺胺类药物敏感的细菌在生长繁殖时，必须要以对氨基苯甲酸（PABA）为原料在二氢叶酸合成酶的作用下合成二氢叶酸（FH_2），FH_2 进而还原生成四氢叶酸（FH_4）。FH_4 是细菌合成核酸的必需辅酶之一。磺胺类药物与 PABA 结构相似，可以竞争性抑制二氢叶酸合成酶活性，从而减少 FH_2

和 FH_4 的合成，有效抑制细菌内核酸合成，进而影响其生长繁殖。服用磺胺类药物要注意保持血液中药物浓度远高于 PABA 浓度，才能达到竞争性抑菌的目的（图 4-11）。

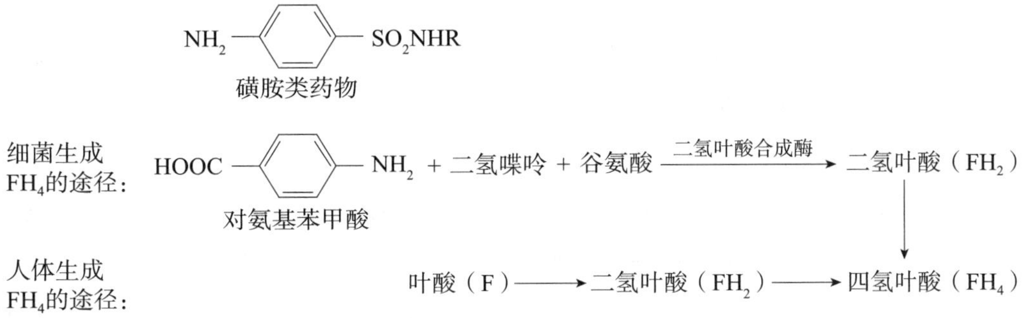

图 4-11　磺胺类药物抑制细菌生长的原理示意图

2. 非竞争性抑制　是指抑制剂结构与底物分子不相似，不与酶活性中心结合，而与活性中心外的必需基团结合，形成酶 - 底物 - 抑制剂复合物（ESI），该复合物不能进一步释放产物，从而起到抑制酶活性的作用（图 4-12）。

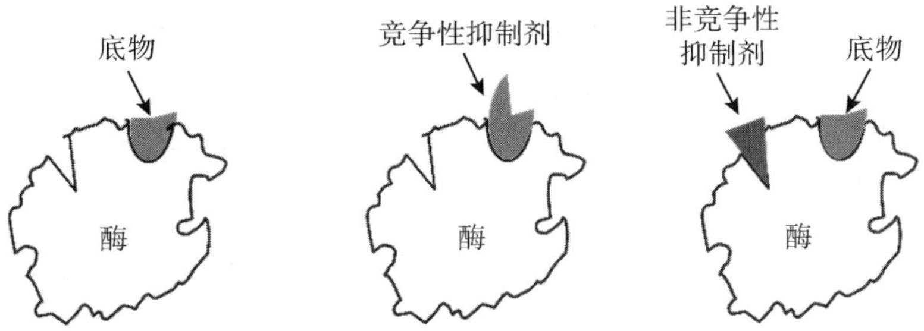

图 4-12　竞争性抑制和非竞争性抑制的作用机制

六、激　活　剂

凡能使酶活性增强，加快酶促反应速度的物质称为酶的激活剂。它包括无机离子（Mg^{2+}、K^+、Cl^- 等）和小分子有机化合物（胆汁酸盐等）。其中大多数金属离子激活剂对于酶发挥催化活性是不可或缺的，称为必需激活剂。例如，Mg^{2+} 是体内大多数酶的必需激活剂。但也有一部分金属离子和小分子有机化合物激活剂不存在时，酶的活性较弱，加入激活剂后只会加强酶的催化能力，称为非必需激活剂。例如，胆汁酸盐对胰脂肪酶的激活作用。

考点　影响酶促反应的因素

第 4 节　酶与医学的关系

（一）酶与疾病的发生

目前已发现的 140 多种先天性代谢缺陷病，绝大多数是因为酶在体内的生成功能障碍所致，此类疾病一般多为遗传性疾病。例如，酪氨酸酶缺乏可致白化病，苯丙氨酸羟化酶缺乏可致苯丙酮尿症，6- 磷酸葡萄糖脱氢酶（葡萄糖 -6- 磷酸脱氢酶）缺乏可致蚕豆病，谷胱甘肽过氧化物酶缺乏可致新生儿黄疸等。

同时，外界环境存在的一些特殊因素也可使酶的催化活性受到抑制，从而导致某些中毒性疾病的发生。例如，有机磷农药可抑制体内胆碱酯酶活性而引发中毒，一氧化碳、氰化物中毒则是抑制了细胞色素氧化酶的活性。

（二）酶与疾病的诊断

当机体某些组织器官发生病变时，可致血液等体液中的酶活性发生改变，因此临床上可通过测定血清中酶的活性来辅助诊断某些疾病。

1. 酶活性改变的因素及相关疾病　①机体内某种物质代谢发生障碍，组织细胞内酶的合成速度加快或排泄受阻，导致血清中酶含量升高。例如，成骨肉瘤和佝偻病患者血清中碱性磷酸酶含量会明显增加；前列腺癌时酸性磷酸酶活性增强；胆道阻塞患者血清中碱性磷酸酶活性明显升高。②机体组织细胞破损，细胞膜通透性增加导致血清中酶含量升高。例如，急性胰腺炎时血清中淀粉酶活性升高；急性肝炎时谷丙转氨酶 [GPT，又称丙氨酸氨基转移酶、丙氨酸转氨酶（ALT）] 活性显著升高；心肌梗死时谷草转氨酶 [GOT，又称天冬氨酸转氨酶（AST）] 则明显升高。③组织细胞内酶的合成受阻，使血清中酶含量降低。例如，肝病患者血清中凝血酶原及凝血因子含量会显著降低。

2. 酶活性检测的临床诊断应用　同工酶检测对于某些疾病的器官定位具有重要的实用价值。例如，肌酸激酶（CK_2）常作为临床早期诊断心肌梗死的重要生化指标。同时，目前已被广泛应用于临床检验领域的酶偶联测定法，可精准测定酶的活性、底物浓度、激活剂、抑制剂等。常用的酶制剂有胆固醇酯酶、过氧化氢酶、已糖激酶等。

（三）酶与疾病的治疗

1. 酶作为药物用于疾病的治疗　如胃蛋白酶、胰蛋白酶、淀粉酶等可用于助消化；溶菌酶、木瓜蛋白酶、链激酶、纤溶酶等用于外科清创、伤口净化和某些炎症的治疗；链激酶、尿激酶、纤溶酶等可用于治疗脑血栓、动脉粥样硬化；天冬酰胺酶可抑制血癌细胞生长。

2. 某些药物抑制体内某种酶的活性，以达到疾病治疗的目的　如磺胺类药物可抑制二氢叶酸合成酶活性，从而抑制细菌的生长繁殖。抗癌药物 6- 巯基嘌呤、氟尿嘧啶等均是通过竞争性抑制癌细胞核酸代谢途径中相关酶的活性，而达到遏制肿瘤生长的目的。

医者仁心

王应睐——中国近代生物化学科研事业的主要奠基人

王应睐（1907.11.13—2001.5.2），生物化学家，他主要研究酶化学与营养代谢，对维生素、血红蛋白、琥珀酸脱氢酶进行了深入的研究。他发现酶蛋白与黄素腺嘌呤二核苷酸（FAD）是以共价键结合，并受底物与磷酸盐等物激活，这项工作是酶蛋白研究的重要突破。他成功组织并在世界上首次完成人工合成具有生物活力的牛胰岛素和酵母丙氨酸转移核糖核酸两项重大基础性研究工作。王应睐为人谦和敦厚，一生心怀祖国生化事业，为新中国的生化科学事业发展做出了杰出的贡献。

自 测 题

一、选择题

1. 下列哪一项不符合酶促反应特点（　　）
   A. 催化效率极高
   B. 酶活性可以调节
   C. 反应条件通常较为温和
   D. 可以改变反应的平衡常数
   E. 酶对其催化的底物或化学反应具有严格的选择性
2. 酶的活性中心是指（　　）
   A. 酶分子上含有必需基团的多肽链
   B. 酶分子与底物结合的部位
   C. 酶分子催化底物的部位
   D. 酶分子结合并催化底物的部位
   E. 维持酶分子特定空间结构的区域
3. 含 B 族维生素的辅因子在酶促反应中起到的作用是（　　）
   A. 传递电子、质子和化学基团
   B. 提高酶的催化活性
   C. 决定酶的专一性
   D. 稳定蛋白质构象
   E. 降低反应静电斥力
4. 酶原激活的实质是（　　）
   A. 缺乏辅酶辅基
   B. 形成或暴露酶活性中心
   C. 是已经变性的蛋白质
   D. 酶蛋白肽链合成不完全
   E. 酶蛋白的一级结构发生改变
5. 路易士气是一种含砷的化合物，能够抑制体内哪种酶的活性而使人畜中毒（　　）
   A. 酸性磷酸酶　　B. 碱性磷酸酶
   C. 胆碱酯酶　　D. 巯基酶
   E. 羟基酶
6. 磺胺类药物治疗疾病的机制是（　　）
   A. 直接杀死细菌
   B. 破坏细菌繁殖所需的某类酶的一级结构
   C. 是细菌繁殖所需的某类酶的非竞争性抑制剂
   D. 是细菌繁殖所需的某类酶的不可逆性抑制剂
   E. 是细菌繁殖所需的某类酶的竞争性抑制剂

二、填空题

1. 酶是由________产生，具有________的生物大分子。
2. 酶按照其化学组成不同，可分为________和________两类。
3. 全酶是由________和________两部分构成，其中________决定酶促反应的专一性，________决定酶促反应的类型。
4. 根据酶对其选择底物的严格程度不同，酶的专一性可分为________、________和________。酶的活性中心包括________基团和________基团两个功能部位。
5. 影响酶促反应的因素有________、________、________、________、________、________。

（习傲登）

第5章 维生素

第1节 概述

案例 5-1

孙思邈是我国唐代著名医学家，他是最早注意到食物与疾病的关系，且利用食物治疗疾病的科学家之一。孙思邈发现很多穷人家的孩子容易得一种晚上视物模糊的疾病（夜盲症），他推测可能是由于穷人家孩子荤少素多，营养不良引起的，吃动物肝脏就能治好这类病症；他又发现富人容易得脚气病，可能是他们经常吃精细的米面，缺少某种营养造成的，食物中添加米糠、麸皮治疗效果很好。他对脚气病做了详细的研究，提出用谷白皮煮粥可以预防这类疾病。

问题： 1. 米糠、麸皮中含有的哪类营养物质对于脚气病起到了治疗效果？

2. 动物肝脏中哪类营养素对夜盲症起到了治疗效果？还有哪些食物富含这类营养素？

3. 你还知道哪些比较有用的食疗方法吗？

维生素是维持机体正常生命活动所必需的，但在体内不能合成或合成量不足，必须由食物提供的一类小分子有机化合物。维生素既不能参与组织细胞的构成，也不能为机体氧化供能，但具有参与物质代谢调节等不可替代的功能，是人体必需的一类营养素。

一、维生素的分类

维生素按照其溶解性可分为两种类型。①脂溶性维生素，如维生素 A、维生素 D、维生素 E、维生素 K 等。脂溶性维生素在食物中与脂类物质共存，在肠道的吸收也会受脂肪含量的影响，如果脂肪吸收不良，脂溶性维生素的吸收量也会降低。但如果摄入过量可引发机体中毒。②水溶性维生素，包括 B 族维生素和维生素 C。B 族维生素主要有维生素 B_1、维生素 B_2、维生素 PP、维生素 B_6、泛酸、生物素、叶酸和维生素 B_{12} 等，主要功能是参与全酶中辅酶或辅基的构成。水溶性维生素因溶于水，在体内几乎不储备，多余部分可随尿液排出，因此很少会发生中毒反应。

二、维生素缺乏症的原因

维生素的每日需要量很少，常以毫克（mg）或微克（μg）计算。机体缺乏某种维生素可导致代谢功能紊乱，发生一系列疾病，称为维生素缺乏症。引起维生素缺乏症的原因有：①摄入不足。主要由于严重偏食或食物储存、加工、处置不当所致。②吸收不良。如长期慢性腹泻、胃肠道疾病、胃液分泌减少等均可造成维生素吸收利用率降低。③需要量相对增加。如儿童、孕妇、乳母、疾病恢复期的患者及慢性消耗性疾病患者等对维生素的需要量都相对增加，若未及时补充，可造成维生素缺乏。④其他原因。如长期服用抗生素可使机体肠道菌群生长受抑制，从而造成由肠道菌群合成的某些维生素（如维生素K、维生素B_6等）的缺乏。

考点 维生素的概念和分类

第2节　脂溶性维生素

一、维生素A

1. 性质与来源　维生素A又名视黄醇、抗干眼症维生素，其化学性质活泼，易被空气氧化，紫外线亦可破坏其结构，但其对酸、碱、热稳定，一般的食品加工不会将其破坏。天然维生素A有维生素A_1、维生素A_2两种，维生素A_2活性仅是维生素A_1的40%。维生素A主要来源是动物性食物，如动物肝脏、鱼肝油、蛋黄、奶及其制品等。同时，在胡萝卜、绿叶蔬菜、番茄、杏等植物性食物中含有丰富的β-胡萝卜素和其他类胡萝卜素，它们在体内肝脏和肠道中可转变为有活性的维生素A。

2. 功能及缺乏症

（1）参与视杆细胞内视紫红质的合成　维生素A对维持机体正常的暗适应能力起重要作用。缺乏时可导致视紫红质的合成量减少，暗适应能力减弱，严重缺乏时可患夜盲症。

（2）维持上皮细胞正常的生长分化　当机体缺乏维生素A时可引起上皮组织干燥、增生或过度角化。机体易出现眼干燥症（又称干眼症）、皮肤干燥、毛囊丘疹等病症。

（3）有助于细胞的生长、增殖、分化　机体缺乏维生素A时，儿童会出现生长发育迟缓或停滞、骨骼发育不良等现象；孕早期缺乏可引起早产、分娩低体重新生儿。

（4）其他　维生素A具有维持正常免疫功能、抗癌、抗氧化等作用。

3. 中毒表现　长期过量摄入维生素A可导致机体出现中毒表现，主要有头痛、恶心、共济失调；肝损伤、高脂血症等中枢神经系统表现；转移性骨痛伴有软组织肿胀、长骨增厚、高钙血症；皮肤粗糙、瘙痒、毛发稀少且干脆易断等表现。

考点 维生素A的来源和功能

二、维生素D

1. 性质与来源　维生素D又名钙化醇，其化学性质较稳定，耐热，对酸、碱、氧较稳定，不易被破坏，一般的烹调加工对其影响较少。维生素D是类固醇的衍生物，主要有维生素D_2和D_3。二者在体内需经肝和肾转化成1, 25-二羟胆钙化醇[1, 25-$(OH)_2$-D_3]的活性形式才可发挥其作用。维生素D主要来源有两种：一种是食物来源，如鱼肝油、高脂海水鱼、动物肝脏、蛋类等；另一种是经常接受户外阳光照射，紫外线可促使皮肤内的胆固醇转变为维生素D_3。

2. 功能及缺乏症

（1）主要可调节钙磷代谢　维生素D可促进钙磷吸收，有利于骨细胞的形成和钙化。缺乏时，儿童易患佝偻病，成人易患骨质疏松症或骨软化症，尤其对一些维生素D需求量相对增加的人群，如孕妇、乳母、老年人的影响尤为明显。

（2）影响神经、造血、免疫等组织器官功能　维生素 D 具有免疫调节功能，可提高机体抗感染能力。有些维生素 D 的缺乏也与自身免疫性疾病的发生有关系。

3. 中毒表现　长期过量摄入维生素 D 可引起机体出现中毒表现，早期可出现食欲减退、恶心、呕吐、便秘或腹泻等消化系统症状及烦躁、精神不振、低热、多汗、脱水、酸中毒等。晚期：患者的骨骼、血管、肾脏等组织或器官出现钙化，严重时可因重度肾衰竭而致死。

考点 维生素 D 的来源、功能和缺乏症

三、维生素 E

1. 性质与来源　维生素 E 又名生育酚，对氧敏感，常被作为抗氧化剂，易被破坏，对碱稳定，高温油炸对其活性影响较大。维生素 E 有 α、β、γ 等 8 种类型，其中以 α- 生育酚活性最强。维生素 E 的主要来源有植物油、豆类、蔬菜等。

2. 功能及缺乏症

（1）体内重要的抗氧化剂　维生素 E 作为脂溶性抗氧化剂和自由基清除剂，可以保护生物膜及其他蛋白质的结构与功能，起到抗氧化和延缓衰老的作用。

（2）与生殖能力及血红素的合成有关　因维生素 E 在自然界存在广泛，人类尚未发现其缺乏症，根据动物实验结果和流行病调查结果，临床上常用口服维生素 E 治疗先兆流产和习惯性流产。

四、维生素 K

1. 性质及来源　维生素 K 又名凝血维生素，主要有维生素 K_1、维生素 K_2、维生素 K_3、维生素 K_4 四种形式。维生素 K_1 主要存在于动物肝脏、绿叶蔬菜、蛋黄等食物中；维生素 K_2 由机体肠道细菌合成；临床上常用的维生素 K_3 和维生素 K_4 由人工合成，能溶于水，可供口服及注射。

2. 功能及缺乏症

（1）促血液凝固　维生素 K 又称凝血维生素，参与机体凝血因子的生成。新生儿肠道内无细菌，易出现维生素 K 的缺乏。长期应用抗生素或引发脂质吸收障碍的疾病，可出现维生素 K 缺乏症。严重缺乏时，可出现胃肠道、皮下及肌肉组织出血。

（2）对骨代谢具有重要影响　肝脏、骨等组织中存在维生素 K 依赖蛋白。

第 3 节　水溶性维生素

一、B 族维生素

（一）维生素 B_1

1. 性质及来源　维生素 B_1 又称硫胺素、抗脚气病因子，其在碱性环境下，加热易被破坏，在酸性环境下较稳定。因此烹调食物时，加碱或高温油炸会使维生素 B_1 流失严重。维生素

B_1 在体内需转化为硫胺素焦磷酸（TPP）的活性形式才能发挥功效。维生素 B_1 的主要来源有谷类、豆类、坚果类及动物内脏、酵母等。

2. 功能及缺乏症

（1）维生素 B_1 以 TPP 形式作为 α- 酮酸氧化脱羧酶的辅酶参与糖代谢。缺乏时，机体内糖代谢受阻，丙酮酸在神经系统、血液、脑等组织中堆积，出现多发神经炎、心力衰竭、下肢水肿等症状，即维生素 B_1 缺乏症（脚气病）。

（2）维生素 B_1 可抑制胆碱酯酶活性，促进胃肠功能。缺乏时，机体易出现消化液分泌减少、胃肠蠕动减慢、消化不良等症状。临床上常用维生素 B_1 作为助消化药物。

（二）维生素 B_2

1. 性质及来源　维生素 B_2 又名核黄素，在碱性环境下不耐热，易被破坏，酸性环境较稳定。在体内需转化为黄素单核苷酸（FMN）和黄素腺嘌呤二核苷酸（FAD）的活性形式。维生素 B_2 的食物来源广泛，如动物内脏、蛋、奶、豆类、绿叶蔬菜、酵母等。

2. 功能与缺乏症　维生素 B_2 以 FMN 和 FAD 活性形式作为黄素酶的辅酶，广泛参与机体的氧化还原反应，促进糖、脂肪、蛋白质三大营养物质代谢。缺乏时机体会出现组织代谢减慢，易发生口角炎、唇炎、结膜炎、脂溢性皮炎等，长期缺乏还可导致儿童出现生长发育迟缓、贫血等症状。

考点　维生素 B_2 的来源、功能和缺乏症

（三）维生素 PP

1. 性质及来源　维生素 PP 又称抗糙皮病（癞皮病）因子，包括烟酸和烟酰胺，其化学性质稳定，不易被酸、碱、加热破坏。在体内需转化为烟酰胺腺嘌呤二核苷酸（NAD^+）和烟酰胺腺嘌呤二核苷酸磷酸（$NADP^+$）的活性形式，维生素 PP 的主要食物来源有动物肝脏、瘦肉、谷类、豆类等。

2. 功能及缺乏症　维生素 PP 以 NAD^+ 和 $NADP^+$ 活性形式作为脱氢酶的辅酶，在生物氧化的过程中主要起到递氢体的作用。缺乏时机体易患烟酸缺乏症（又称糙皮病或癞皮病），轻者表现为食欲减退、失眠头痛、记忆力减退等，重者出现皮炎、腹泻、痴呆症状。临床上还将维生素 PP 作为治疗心绞痛和降胆固醇药物。

（四）维生素 B_5

1. 性质及来源　维生素 B_5 因广泛存在于动植物细胞中，又称为泛酸，其在酸、碱条件下加热易分解，在中性环境中耐热，对氧化剂、还原剂稳定。维生素 B_5 在体内转变成辅酶 A（CoA）或酰基载体蛋白质（ACP）参与体内代谢反应。

2. 功能及缺乏症　泛酸以 CoA 和 ACP 的活性形式作为酰基转移酶的辅酶，其来源广泛，肠道细菌也可合成，尚未发现泛酸缺乏的典型案例。

（五）维生素 B_6

1. 性质及来源　维生素 B_6 在酸性环境中稳定，在碱性和中性环境下易被破坏，遇光和紫外线不稳定。维生素 B_6 是吡啶衍生物，包括吡哆醇、吡哆醛和吡哆胺。在体内需转化为磷酸吡哆醛和磷酸吡哆胺的活性形式。维生素 B_6 来源广泛，如肝脏、鱼类、肉类、蛋、奶、

谷类和绿叶蔬菜等。

2. 功能及缺乏症　维生素 B_6 以磷酸吡哆醛和磷酸吡哆胺的活性形式作为氨基转移酶和脱羧酶的辅酶，参与蛋白质代谢，同时也是 δ- 氨基 -γ- 酮戊酸（ALA）合酶的辅酶。由于其来源广泛，尚未发现维生素 B_6 缺乏典型案例，临床上维生素 B_6 常用于治疗小儿惊厥、妊娠呕吐以及贫血等症状。

（六）生物素

1. 性质及来源　生物素在酸性环境下稳定，碱性环境下不稳定，高温和氧化剂可使其失活。至今发现的生物素有两种：① α- 生物素，存在于蛋黄中；② β- 生物素，存在于肝脏中，其生理功能基本相似。

2. 功能及缺乏症　生物素是体内多种羧化酶的辅酶，参与 CO_2 的固定。生物素来源广泛，肠道细菌也可合成，很少出现生物素缺乏症。

（七）叶酸

1. 性质及来源　叶酸微溶于水，在酸性环境中不稳定，对加热和光照敏感。叶酸在体内需还原为四氢叶酸（FH_4）的活性形式。叶酸在绿叶蔬菜中含量丰富，动物内脏、豆类、马铃薯、坚果等也是其良好来源。

2. 功能及缺乏症　叶酸以 FH_4 的活性形式作为一碳单位转移酶的辅酶，参与核酸和蛋白质的代谢，同时与红细胞的成熟有关，缺乏时易造成巨幼细胞贫血。

（八）维生素 B_{12}

1. 性质及来源　维生素 B_{12} 遇强酸、强碱易分解，光照、氧化剂和还原剂也可破坏其结构，在弱酸溶液中稳定。维生素 B_{12} 又称钴胺素，是体内唯一含金属元素的维生素，其体内活性形式是甲钴胺素和 5′- 脱氧腺苷钴胺素。维生素 B_{12} 在海产品、动物肝脏、肉类、蛋中含量丰富。

2. 功能及缺乏症　维生素 B_{12} 以甲钴胺素活性形式作为转甲基酶的辅酶，参与 FH_4 的再生，进而影响核酸、蛋白质的代谢，与红细胞的成熟有关，所以缺乏维生素 B_{12} 时易造成巨幼细胞贫血。

二、维生素 C

1. 性质及来源　维生素 C 是酸性多羟基化合物，又称抗坏血酸，在酸性环境较稳定，遇碱、光照、加热易被破坏。维生素 C 主要存在于新鲜的蔬菜和水果中，如青椒、番茄、花椰菜、柑橘、山楂、草莓等。

2. 功能及缺乏症　维生素 C 参与体内多种羟化反应，可促使胶原蛋白的合成及肝中的生物转化；维生素 C 能可逆地加氢、脱氢，参与体内氧化还原反应；维生素 C 具有解毒作用，可以提高机体免疫力。当机体摄入不足时，易出现伤口愈合较慢、牙龈出血、皮肤出现瘀点瘀斑、维生素 C 缺乏症（坏血病）等病症。

考点 维生素 C 的来源、功能和缺乏症

各种维生素的主要生理功能及典型缺乏症归纳见表 5-1。

表 5-1 各种维生素的主要生理功能及典型缺乏症

维生素	主要生理功能	典型缺乏症
维生素 A	参与视紫红质的合成，维持暗适应能力；维持上皮细胞生长分化；有助于细胞的生长、增殖、分化；维持正常免疫功能、抗癌、抗氧化	夜盲症、干眼症、皮肤干燥、发育停滞
维生素 D	调节钙磷代谢，促进骨细胞形成；影响神经造血、免疫等组织器官功能	佝偻病、软骨病
维生素 E	抗氧化、延缓衰老；维持生殖能力；与血红素的合成有关	未发现缺乏症
维生素 K	参与凝血因子的生成，促使血液凝固；对骨代谢有重要影响	胃肠道、皮下、肌肉组织出血
维生素 B_1	α- 酮酸氧化脱羧酶的辅酶；抑制胆碱酯酶活性，促进胃肠功能	脚气病、消化不良
维生素 B_2	黄素酶的辅酶，参与氧化还原反应	口角炎、唇炎、结膜炎、脂溢性皮炎
维生素 PP	脱氢酶的辅酶，参与生物氧化	烟酸缺乏症
维生素 B_6	作为氨基转移酶和脱羧酶的辅酶，参与蛋白质代谢；参与构成 ALA 合酶的辅酶	未发现缺乏症
泛酸	酰基载体，参与物质代谢及生物转化	未发现缺乏症
生物素	羧化酶的辅酶，参与 CO_2 的固定	很少出现
叶酸	一碳单位转移酶的辅酶，参与核酸和蛋白质的代谢；与红细胞的成熟有关	巨幼细胞贫血
维生素 B_{12}	转甲基酶的辅酶，参与 FH_4 的再生；与红细胞的成熟有关	巨幼细胞贫血
维生素 C	参与体内多种羟化反应，促胶原蛋白的合成及肝中的生物转化；能可逆地加氢、脱氢，参与体内氧化还原反应；解毒功效，提高机体免疫力	坏血病

自 测 题

一、选择题

1. 维生素 A 缺乏时，机体可发生（ ）
   A. 糙皮病 B. 脚气病
   C. 坏血病 D. 夜盲症
   E. 贫血
2. 下列哪种维生素摄入过多可引发机体中毒（ ）
   A. 维生素 B_1 B. 生物素
   C. 叶酸 D. 维生素 D
   E. 维生素 B_{12}
3. 维生素 PP 作为以下哪种酶的辅酶（ ）
   A. 脱氢酶 B. 羧化酶
   C. 甲基转移酶 D. 氨基转移酶
   E. 脱羧酶
4. 与红细胞分化成熟有关的维生素是（ ）
   A. 维生素 B_6 和叶酸 B. 维生素 B_{12} 和泛酸
   C. 维生素 B_{12} 和叶酸 D. 泛酸和叶酸
   E. 维生素 B_6 和维生素 B_{12}
5. 关于维生素 C 的生理功能，下列表述错误的是（ ）
   A. 解毒作用 B. 促进胶原蛋白生成
   C. 参与羟化反应 D. 参与羧化反应
   E. 提高机体免疫力
6. 维生素 B_2 在体内的活性形式是（ ）
   A. FH_4 B. FMN 和 FAD
   C. NAD^+ 和 $NADP^+$ D. CoA 和 ACP

E. TPP

7. 有关维生素 E 的说法正确的是（　　）

A. 与动物的生育有关，也称生育酚

B. 有抗氧化作用

C. 能促进血红素的合成

D. 抑制血小板凝集

E. 以上说法均正确

二、填空题

1. 维生素按照其溶解性可分为________和________。

2. 维生素 B_1 在体内的活性形式是________，它是________的辅酶。

3. 生物素是体内多种________的辅酶，参与________的固定。

4. 维生素 B_{12} 又称为________，与血液中________成熟有关，缺乏此类维生素易出现________。

5. 维生素 PP 在体内的活性形式为________和________，缺乏症为________。

（习傲登）

第6章
糖 代 谢

案例 6-1

说到糖，我们并不陌生，可以说出一连串糖的名称：绵白糖、砂糖、冰糖、葡萄糖等。其实，除了这些我们熟知的糖以外，淀粉、纤维素也属于糖类。

问题： 1. 以上糖类的分子组成有何相同和不同之处？

2. 淀粉、纤维素并不甜，为什么也属于糖类？

第1节 概 述

一、糖的分类

糖类物质由碳、氢、氧三种元素构成，广泛存在于动植物体内。按分子结构可分为单糖、双糖和多糖三大类。

单糖不能被水解，如葡萄糖、果糖、半乳糖、核糖、脱氧核糖等。葡萄糖是糖在体内的运输和利用形式，也是糖代谢的中心物质。

双糖由两分子单糖脱水缩合而成，如蔗糖、麦芽糖和乳糖等，其中蔗糖可以加工成红糖、白糖、冰糖等。

生物体内的糖类主要以多糖形式存在，多糖由10个及以上单糖组成，如淀粉、纤维素、糖原等。淀粉、纤维素存在于植物体内。粮食作物的种子中含有丰富的淀粉，是人体糖类物质的重要来源；但人体缺乏水解纤维素的酶，故纤维素不能被人体消化吸收。动物体内的多糖主要为糖原，它是糖的储存形式。

二、糖的生理功能

1. 氧化供能　是糖类的主要生理功能，可以提供生命活动所需要的能量，人体每日所需能量的50%～70%是由糖氧化分解提供的。所以，在正常生理状态下，糖是人体的主要供能物质。

2. 参与组织细胞的构成　糖类是人体组织结构的重要成分。例如，糖类与脂类结合形成的糖脂是构成神经组织和细胞膜的成分，糖类与蛋白质结合形成的糖蛋白或蛋白聚糖是构成结缔组织、软骨和骨基质的主要成分。

三、糖代谢概况

食物中的糖类主要是淀粉，经消化道水解酶类的作用分解为葡萄糖后，由肠黏膜细胞吸收入血，经门静脉进入肝脏（图 6-1）。

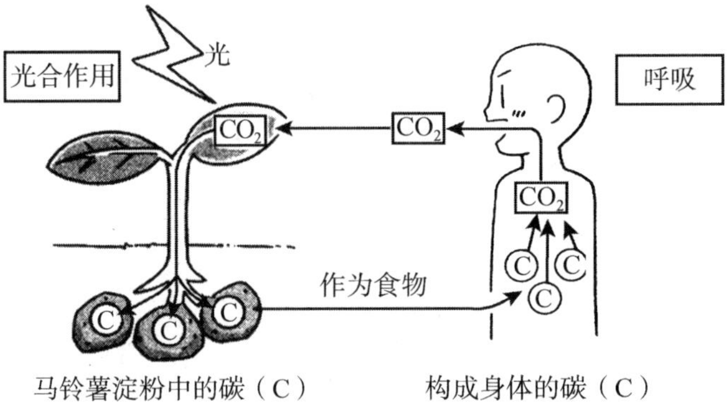

图 6-1 自然界中糖的动态变化

进入肝脏的葡萄糖，一部分在肝脏中进行代谢，另一部分经肝静脉进入体循环，运输到全身各组织进行代谢。

糖类在体内的代谢途径有六条：糖酵解、糖的有氧氧化、磷酸戊糖途径、糖原合成、肝糖原分解和糖异生（图 6-2）。

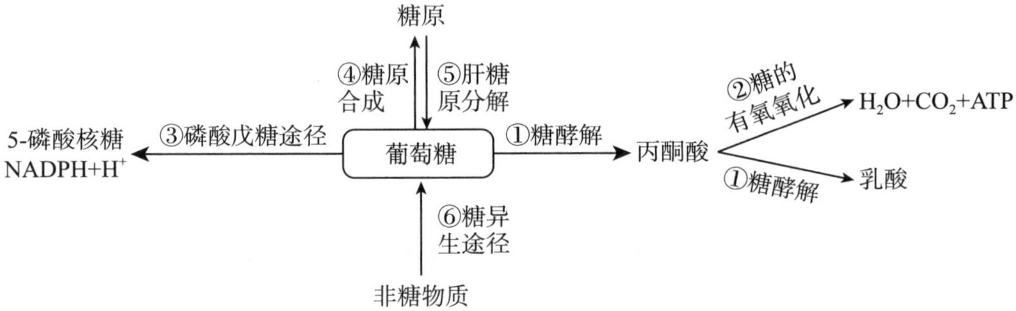

图 6-2 糖在体内的代谢途径

第 2 节 糖的分解代谢

体内糖的分解代谢有三条途径：糖的无氧氧化（糖酵解）、糖的有氧氧化和磷酸戊糖途径。

一、糖的无氧氧化

机体在无氧或缺氧条件下，葡萄糖或糖原分解为乳酸的过程，称为无氧氧化，也称糖酵解。

（一）糖无氧氧化的反应过程和反应要点

糖无氧氧化的反应过程分为两个阶段：第一阶段为葡萄糖或糖原分解成丙酮酸的过程（图 6-3），反应特点如下。

1. 反应部位和条件 糖酵解的反应部位是细胞质，反应在无氧或缺氧条件下进行。

2. 关键酶 己糖激酶（肝内为葡萄糖激酶）、磷酸果糖激酶、丙酮酸激酶。

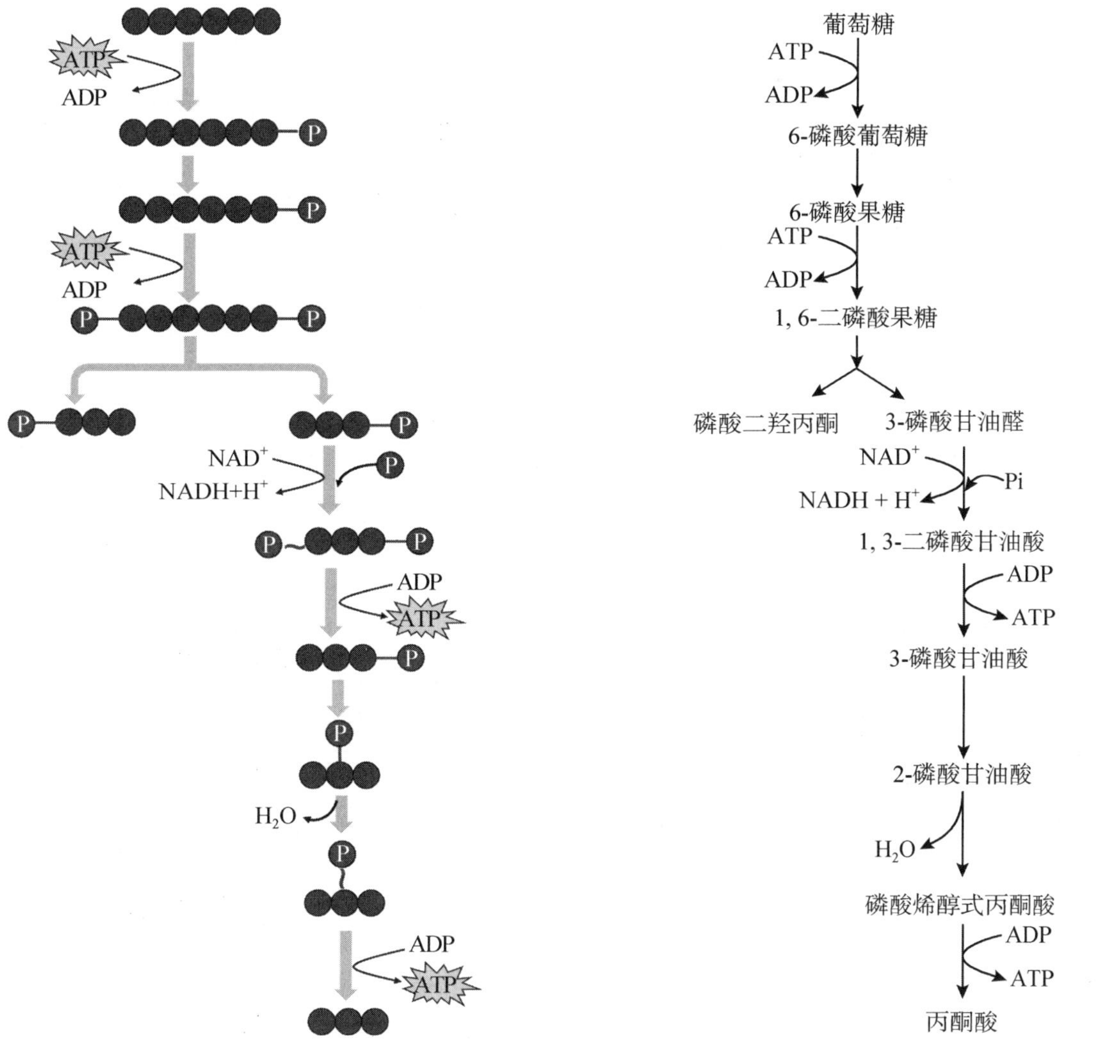

图 6-3 糖酵解的反应过程

3. ATP 的生成　1 分子葡萄糖经糖酵解消耗 2 分子 ATP，但 6 碳糖可以变成 2 分子磷酸丙糖。2 分子磷酸丙糖经底物水平磷酸化共生成 4 分子 ATP，除去消耗的 2 分子 ATP，1 分子葡萄糖经糖酵解反应可净生成 2 分子 ATP。如果从糖原开始，可净得 3 分子 ATP。

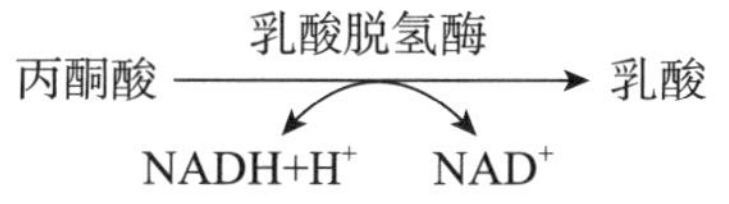

图 6-4 丙酮酸还原生成乳酸

第二阶段为丙酮酸还原为乳酸的过程（图 6-4）。

（二）糖酵解的生理意义

1. 糖酵解是机体在无氧或缺氧条件下迅速获得能量的有效方式。在生理条件下，骨骼肌内 ATP 含量很低，肌肉收缩几秒钟就会全部耗尽。剧烈运动时，骨骼肌处于相对缺氧状态，也要通过糖酵解供能。

2. 有些组织细胞如视网膜、睾丸、肿瘤等，即便供氧充足，也主要依靠糖酵解获得能量。

3. 成熟红细胞因缺乏线粒体，所需能量主要来自糖酵解。

4. 某些病理情况下，如循环或呼吸功能障碍、失血过多、严重贫血等，机体因缺氧而加强糖酵解，可导致乳酸堆积而发生乳酸酸中毒。

考点 糖酵解的概念、生理意义

二、糖的有氧氧化

在有氧条件下，体内葡萄糖或糖原彻底氧化生成 CO_2 和 H_2O 并释放能量的过程，称为糖的有氧氧化。糖的有氧氧化是体内糖分解产能的主要途径。

链 接

诺贝尔奖获得者克雷布斯

克雷布斯（Krebs）是英籍德裔生物化学家。1932 年，他与其同事共同发现了尿素合成的过程——鸟氨酸循环。1937 年，他用鸽子胸肌做实验又提出了三羧酸循环，他将此科研成果投稿 *Nature* 却被拒绝。后改投荷兰一杂志后被迅速采用。三羧酸循环是糖、蛋白质、脂肪等代谢联系的重要环节，被公认为代谢研究的里程碑，克雷布斯因此获得了 1953 年诺贝尔生理学或医学奖。此后，克雷布斯常用自己曾被拒稿的故事激励年轻学者要专注于自己的研究兴趣，坚持自己的学术观点。

（一）有氧氧化的反应过程

糖的有氧氧化可分为三个阶段，第一阶段：葡萄糖在细胞质中分解成丙酮酸；第二阶段：丙酮酸进入线粒体，氧化脱羧生成乙酰 CoA；第三阶段：三羧酸循环。

1. 葡萄糖经糖酵解途径生成丙酮酸　此阶段在细胞质中进行，与糖酵解途径相同。1 分子葡萄糖分解后生成 2 分子丙酮酸、2 分子 $NADH+H^+$，净生成 2 分子 ATP。2 分子 $NADH+H^+$ 在有氧条件进入线粒体氧化产能，可产生 5 分子 ATP，故第一阶段净生成 7 分子 ATP。

2. 丙酮酸氧化脱羧生成乙酰 CoA　丙酮酸进入线粒体，在丙酮酸脱氢酶复合体的催化下氧化脱羧生成 NADH 和乙酰 CoA（图 6-5）。此阶段可由 2 分子 $NADH+H^+$ 产生 5 分子 ATP。丙酮酸脱氢酶复合体为有氧氧化过程的关键酶，该酶由 3 种酶蛋白构成，涉及 6 种辅因子，即 NAD^+、FAD、HSCoA、TPP、硫辛酸和 Mg^{2+}。除 Mg^{2+} 外，其余 5 种辅因子均由 B 族维生素参与形成。若机体缺乏维生素 B_1，体内 TPP 不足，丙酮酸氧化脱羧受阻，丙酮酸及乳酸在末梢神经堆积，则可发生多发性周围神经炎，典型的缺乏症称为脚气病。

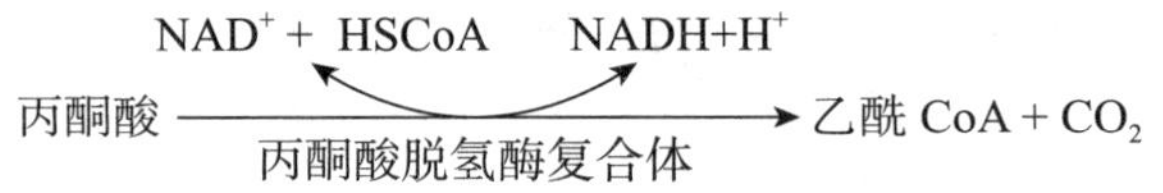

图 6-5　丙酮酸氧化脱羧生成乙酰 CoA

3. 乙酰 CoA 经三羧酸循环彻底氧化　三羧酸循环是指在线粒体中，乙酰 CoA 与草酰乙酸缩合生成柠檬酸，经过一系列的代谢反应，乙酰基被氧化分解，而草酰乙酸再生的循环反应过程，又称为柠檬酸循环或克雷布斯（Krebs）循环（图 6-6）。一分子乙酰 CoA 氧化分解后共可生成 10 分子 ATP，故此阶段可生成 2×10=20 分子 ATP。

三羧酸循环的代谢特点：①一次底物水平磷酸化，生成 1 分子 GTP；②两次脱羧反应，生成 2 分子 CO_2；③柠檬酸合酶、异柠檬酸脱氢酶和 α- 酮戊二酸脱氢酶复合体是循环中的三个关键酶，它们催化三步不可逆反应，所以整个循环是不可逆的；④四次脱氢反应，生成 3 分子 NADH 和 1 分子 $FADH_2$。

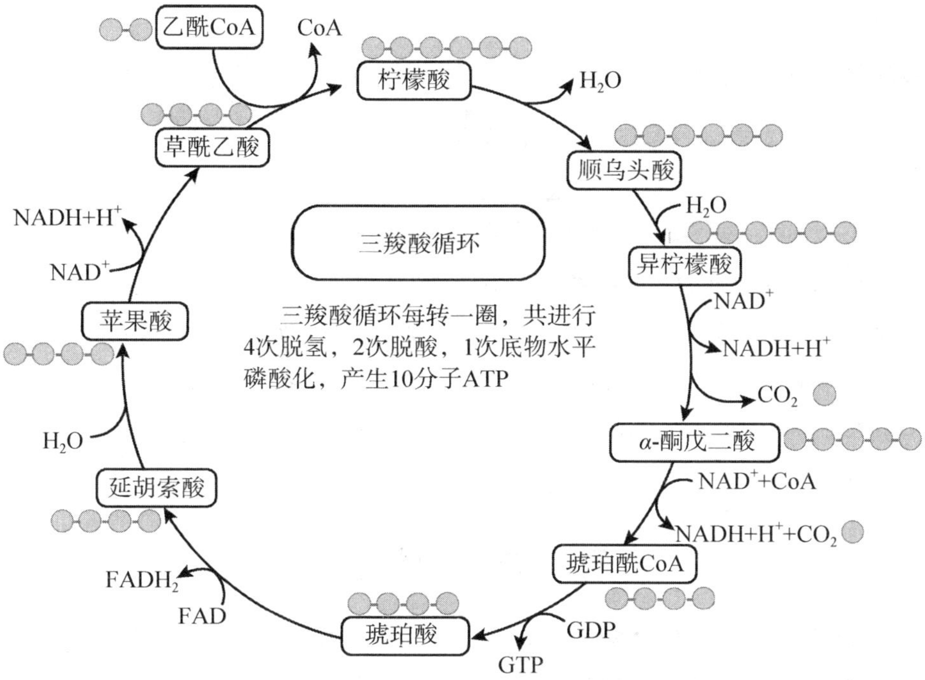

图 6-6　三羧酸循环反应过程

（二）有氧氧化的生理意义

1. 糖有氧氧化是机体获取能量的主要途径。1 分子葡萄糖经有氧氧化可净生成 32 分子 ATP（图 6-7）。糖的有氧氧化对维持机体正常的生命活动具有重要意义。

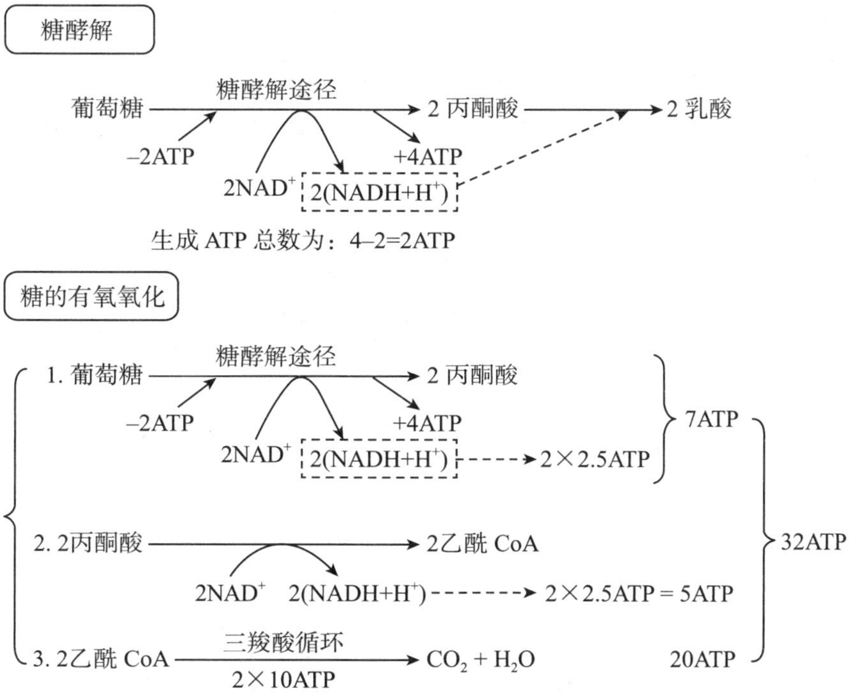

图 6-7　糖酵解与糖有氧氧化生成 ATP 的比较

2. 三羧酸循环是糖、脂肪和蛋白质三大营养物质彻底氧化分解的共同途径。由于乙酰 CoA 不仅来自糖，也来自甘油、脂肪酸及某些氨基酸，故三大营养物质均能以乙酰 CoA 的形式进入此循环被彻底氧化。

3. 三羧酸循环是糖、脂肪和蛋白质三大物质代谢相互联系与转化的枢纽。

考点 有氧氧化的概念、生理意义、三羧酸循环的特点

链 接

无氧运动与有氧运动

无氧运动是指肌肉在缺氧状态下进行的剧烈运动，如举重、投掷、跳高、跳远、拔河、肌力训练等。无氧运动主要通过糖酵解供能，导致体内产生较多的乳酸，运动后常感到肌肉酸痛。

有氧运动指机体在氧气充足的条件下进行的运动，主要通过氧化体内的糖和脂肪来提供能量，可提高心肺功能和代谢水平，强化免疫系统。常见的有氧运动有步行、慢跑、游泳、骑自行车、跳健身操、打太极拳等。

三、磷酸戊糖途径

此途径由6-磷酸葡萄糖（葡萄糖-6-磷酸，G-6-P）开始，经过多步反应生成6-磷酸果糖（果糖-6-磷酸，F-6-P）和3-磷酸甘油醛（甘油醛-3-磷酸），再进入糖酵解或糖的有氧氧化途径进行代谢。由于代谢过程中有磷酸戊糖的产生，故称为磷酸戊糖途径。反应主要在肝、脂肪组织、泌乳期乳腺、肾上腺皮质、性腺、骨髓、红细胞等组织的细胞质中进行。

（一）磷酸戊糖途径的反应过程

反应过程分为两个阶段，第一阶段是氧化反应，生成磷酸戊糖、$NADPH+H^+$ 和 CO_2，第二阶段则是转移反应（图 6-8）。

磷酸戊糖途径的主要特点是在6-磷酸葡萄糖脱氢酶的催化下发生脱氢和脱羧反应，生成5-磷酸核糖（核糖-5-磷酸）和 $NADPH+H^+$，无ATP的产生与消耗。6-磷酸葡萄糖脱氢酶是磷酸戊糖途径的关键酶。

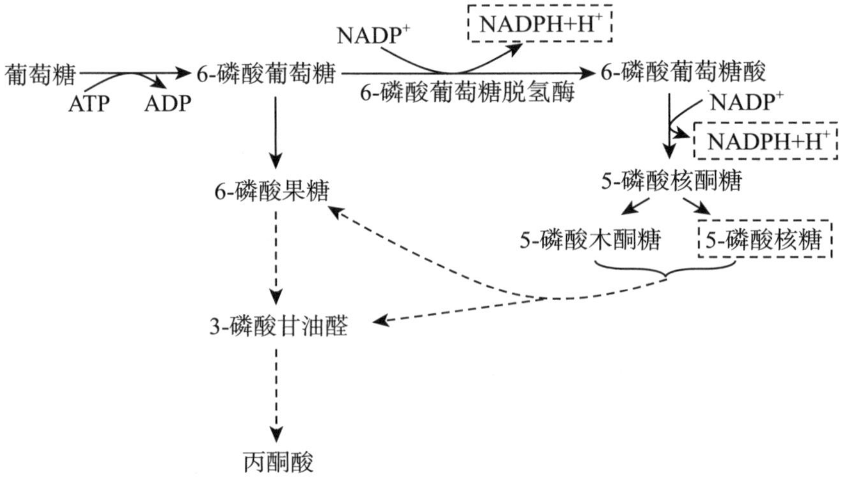

图 6-8 磷酸戊糖途径概况

（二）磷酸戊糖途径的生理意义

1. 生成5-磷酸核糖　5-磷酸核糖是体内合成核苷酸的原料，而磷酸戊糖途径是体内生

成 5- 磷酸核糖的唯一途径。

2. 提供 NADPH+H$^+$　体内 NADPH+H$^+$ 主要来自磷酸戊糖途径，NADPH+H$^+$ 作为供氢体，参与体内多种代谢反应。

（1）为脂肪酸、胆固醇、类固醇激素等物质的生物合成提供氢原子。

（2）参与激素、药物、毒物等物质的生物转化作用。

（3）NADPH+H$^+$ 是谷胱甘肽还原酶的辅酶，谷胱甘肽还原酶可催化氧化型谷胱甘肽（GSSG）还原成还原型谷胱甘肽（GSH），反应由 NADPH+H$^+$ 供氢。GSH 是体内重要的抗氧化剂，能保护一些含巯基的蛋白质和酶免受氧化剂的破坏，维持红细胞膜的完整性。

由于遗传缺陷，先天性缺乏 6- 磷酸葡萄糖脱氢酶的患者，体内磷酸戊糖途径不能正常进行，NADPH+H$^+$ 生成量不足，GSH 含量下降，在过量食用氧化性强的食物（如蚕豆）或某些药物（如抗疟疾药物）后，易导致红细胞膜破坏而产生溶血性贫血，称为蚕豆病。

考点　磷酸戊糖途径的主要特点、生理意义、关键酶与缺陷症

第 3 节　糖原的合成与分解

糖原是以葡萄糖为单位聚合而成的具有分支结构的大分子多糖，是体内糖的储存形式，以肝糖原和肌糖原为主（图 6-9）。人体内肝糖原的总量为 70 ～ 100g，肌糖原的总量为 180 ～ 300g。

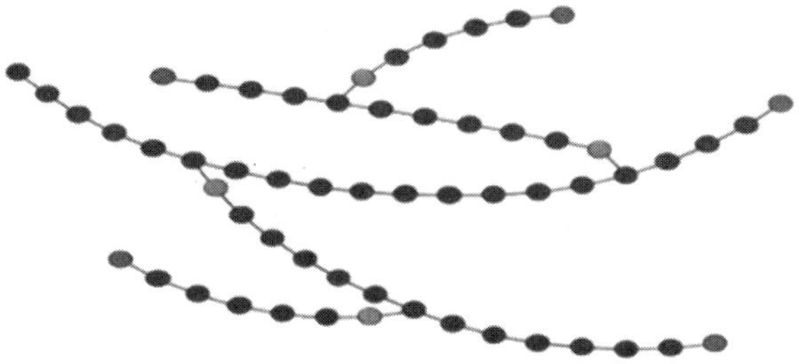

图 6-9　糖原结构

一、糖原的合成

由葡萄糖合成糖原的过程称为糖原合成。反应主要在肝脏、肌肉等组织的细胞质中进行。

（一）糖原合成的过程

葡萄糖（G）磷酸化生成 6- 磷酸葡萄糖（G-6-P），后者再转变成 1- 磷酸葡萄糖（G-1-P）。1- 磷酸葡萄糖与尿苷三磷酸（UTP）反应生成尿苷二磷酸葡糖（UDPG）及焦磷酸。UDPG 是糖原合成时葡萄糖的供体，也称为活性葡萄糖。

糖原合成时需要引物，糖原引物是指细胞内原有的较小的糖原（G_n），在糖原合成酶的催化下，UDPG 与糖原引物反应，葡萄糖基转移至糖原引物的糖链末端，形成直链，糖原增加一个葡萄糖单位（G_{n+1}）（图 6-10）。

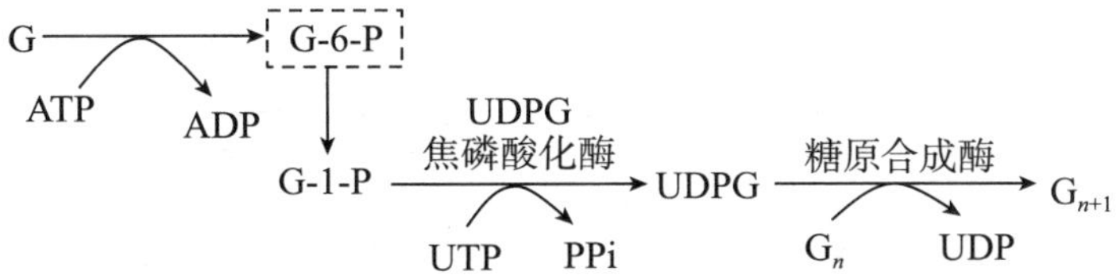

图 6-10　糖原合成过程

当糖链长度达到 12 ～ 18 个葡萄糖基时，分支酶将一段 6 ～ 7 个葡萄糖基的糖链转移到

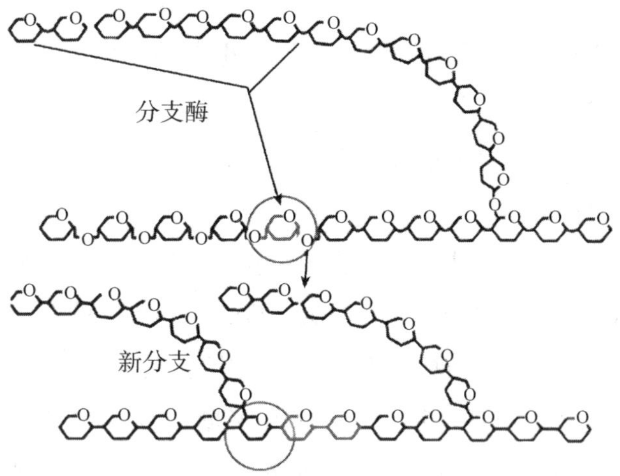

图 6-11 糖原合成时分支结构的形成

邻近的糖链上，形成糖原的分支（图 6-11）。糖原的分支不仅增加了糖原的水溶性，也增加了非还原末端数目，以便磷酸化酶能迅速分解糖原。

（二）糖原合成的特点

1. 糖原合成酶是关键酶。

2. 需要小分子糖原作为引物。

3. UDPG 是葡萄糖基的直接供体。

4. 糖原每增加一个葡萄糖单位，消耗 1 分子 ATP 和 1 分子 UTP。

考点 糖原的概念、糖原合成的特点

二、糖原的分解

由糖原分解为葡萄糖的过程称为糖原分解，习惯上指肝糖原的分解。反应在细胞质中进行。

在磷酸化酶作用下，糖原（G_n）从非还原端开始分解，生成 1- 磷酸葡萄糖及比原来少一个葡萄糖单位的糖原（G_{n-1}）。1- 磷酸葡萄糖在变位酶的作用下生成 6- 磷酸葡萄糖，后者在葡萄糖 -6- 磷酸酶的催化下水解为葡萄糖。

葡萄糖 -6- 磷酸酶只存在于肝和肾中，所以肝糖原可以直接分解为葡萄糖。肌肉组织中缺乏此酶，肌糖原分解生成的 6- 磷酸葡萄糖可进入糖酵解，分解供能。因此，只有肝糖原能直接补充血糖（图 6-12）。

考点 肝糖原与肌糖原分解的区别

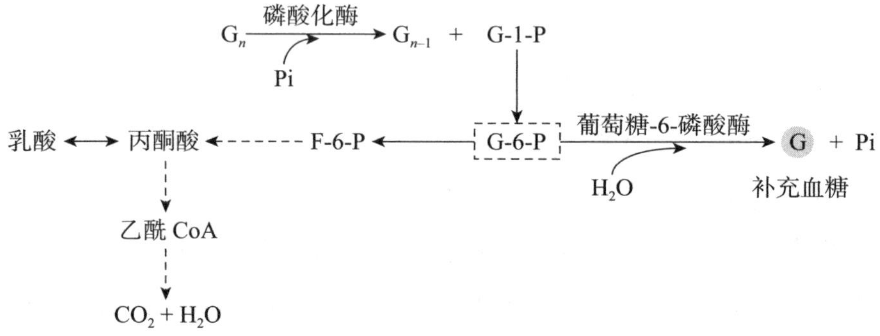

图 6-12 糖原分解过程

三、糖原合成与分解的生理意义

进食后，食物中的糖类物质被消化为葡萄糖，一部分葡萄糖合成为糖原而储存，可防止血糖水平过高。所以糖原的合成一方面可以储存葡萄糖，另一方面可以调节血糖浓度。饥饿时，肝糖原可直接分解为葡萄糖，释放入血补充血糖，防止血糖水平过低。肝糖原的合成与

分解可以维持血糖水平的相对恒定；而肌糖原的合成与分解则为肌肉收缩储备和提供能量。

考点 糖原合成与分解的生理意义

第 4 节　糖异生作用

由非糖物质转变为葡萄糖或糖原的过程称为糖异生作用。糖异生的原料主要有乳酸、丙酮酸、甘油和生糖氨基酸等。肝脏是糖异生的主要器官，其次是肾脏（约占肝的 1/10）。长期饥饿或酸中毒时，肾的糖异生能力会加强。

一、糖异生途径

糖异生途径基本上是糖酵解的逆过程。糖酵解途径中大部分反应是可逆的，但由己糖激酶、磷酸果糖激酶、丙酮酸激酶催化的反应不可逆，糖异生时必须由其他的酶催化，才能绕过这三个不可逆反应，生成葡萄糖。

二、糖异生的生理意义

1. 维持空腹或饥饿状态下血糖浓度的相对恒定　是糖异生作用最主要的生理意义。空腹和饥饿时，血糖浓度靠肝糖原分解来维持，但肝糖原的储备有限，仅能维持 8 ～ 12 小时。此后，机体主要靠糖异生来维持血糖浓度的相对恒定，以保证脑和红细胞等重要组织细胞的能量供应。

2. 有利于乳酸的利用　机体运动量增加时，糖酵解作用加强，肌肉内乳酸生成增多，乳酸经血液运至肝脏异生为葡萄糖，葡萄糖入血后又可被肌肉摄取，由此构成一个循环，称为乳酸循环（图 6-13）。通过乳酸循环，回收了乳酸分子中的能量，又防止了乳酸堆积造成的乳酸酸中毒。

考点 糖异生的概念、主要器官、生理意义

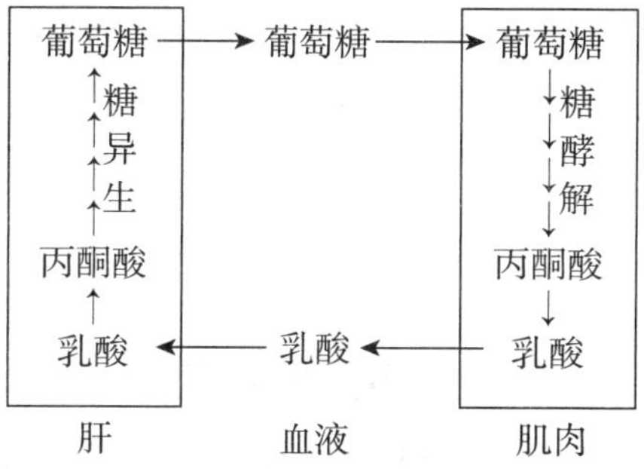

图 6-13　乳酸循环

第 5 节　血　　糖

案例 6-2

患者，男，46 岁，近 3 个月来食欲旺盛，体重却较前减轻了约 10kg。常感口渴，饮水量增至每天 4000ml，尿量增加，每日 10 余次。空腹血糖 15.5mmol/L，尿糖（+++）。

问题： 患者所患的是什么疾病？具有哪些典型症状？

血糖指血液中的葡萄糖。体内各组织、细胞都需从血液中获得葡萄糖作为能源，有些组织，如大脑几乎完全靠葡萄糖氧化供能。

正常人空腹血糖浓度为 3.9 ～ 6.1mmol/L。血糖浓度的恒定是由其来源和去路的动态平衡决定的。

考点 血糖的概念、正常人空腹血糖浓度

一、血糖的来源与去路

（一）血糖的来源

1. 食物中消化吸收的葡萄糖，这是血糖的主要来源。

2. 肝糖原分解生成的葡萄糖，是空腹时血糖的来源。

3. 非糖物质通过糖异生作用生成的葡萄糖，是饥饿时血糖的来源。

（二）血糖的去路

1. 氧化供能　在细胞中氧化分解成 CO_2 和 H_2O，并提供能量，这是血糖的主要去路。

2. 合成糖原　在肝和肌肉等组织中合成糖原，储存葡萄糖。

3. 转变成非糖物质　如脂肪和氨基酸等。

4. 尿糖　当血糖浓度高于肾糖阈时，超过了肾小管对葡萄糖的重吸收能力，糖可随尿排出。这是血糖的异常去路（图 6-14）。

考点 血糖的来源与去路

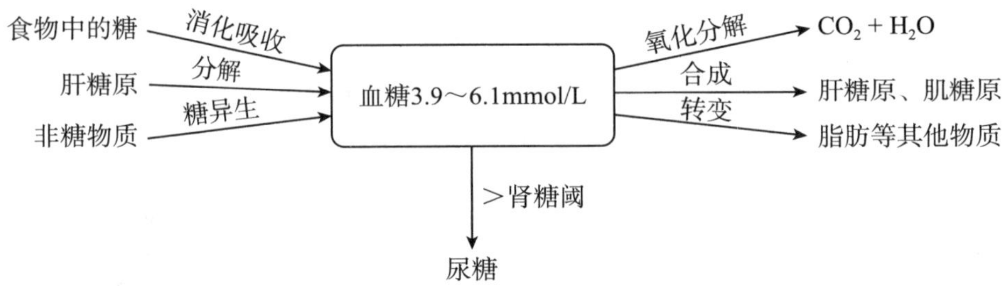

图 6-14　血糖的来源与去路

二、血糖水平的调节

（一）组织器官的调节

肝是调节血糖浓度的主要器官，通过糖原合成、糖原分解和糖异生作用调节血糖浓度。例如，餐后血糖浓度升高时，糖原合成加强，调节血糖不致过高；空腹时，血糖水平降低，肝糖原分解生成的葡萄糖释放入血，补充血糖；严重饥饿导致肝糖原耗竭时，肝脏的糖异生作用加强，继续维持血糖浓度的相对恒定。

考点 调节血糖浓度的主要器官

（二）激素的调节

调节血糖的激素有两大类（表 6-1）。

1. 降低血糖的激素　胰岛素是体内唯一降血糖的激素，通过调节糖代谢各途径的强弱，来减少血糖的来源、增加血糖的去路，起到降低血糖的作用。

2. 升高血糖的激素　胰高血糖素、肾上腺素、糖皮质激素等，主要通过调节糖代谢的各途径的强弱，来增加血糖的来源，减少血糖的去路，起到升高血糖的作用。

考点 调节血糖的激素

表 6-1 激素对血糖浓度的调节

激素种类	激素	调节作用
降低血糖的激素	胰岛素	①促进血中葡萄糖进入细胞；②促进糖的有氧氧化；③促进肝糖原、肌糖原的合成，抑制肝糖原分解；④抑制糖异生作用；⑤抑制脂肪的动员；⑥促进糖转变为脂肪
升高血糖的激素	胰高血糖素	①促进肝糖原分解，抑制糖原合成；②促进糖异生，抑制糖的无氧氧化；③促进脂肪的动员
	肾上腺素	①促进肝糖原分解；②促进糖异生作用
	糖皮质激素	①促进糖异生作用；②抑制肝外组织摄取和利用葡萄糖

医者仁心

中国生物化学和营养学之父——吴宪教授

吴宪（1893—1959），生物化学家、营养学家、医学教育家，研究领域主要包括临床生物化学、气体与电解质平衡、蛋白质化学、免疫化学、营养学、氨基酸代谢及性激素、抗生素等方面。吴宪教授首创用钨酸除去血液样品中所有的蛋白质，最先提出蛋白质变性理论。他研究的血糖测定方法在国际上沿用长达70年。吴宪教授是首位被提名诺贝尔奖的中国科学家，他说：“我的座右铭是三真：即真知、真实、真理。求学问要真知，做实验要真实，为人要始终追求真理。”

三、糖代谢紊乱

神经系统疾病，内分泌失调，或者肝、肾功能障碍，以及某些酶的遗传缺陷等，均可影响血糖浓度的调节，有可能会引起糖代谢障碍，导致糖代谢的异常。

（一）高血糖与糖尿病

当血液中的血糖浓度超过肾糖阈时，会超过肾小管的重吸收能力，导致葡萄糖从尿中排出，即出现尿糖。正常人偶尔也会出现尿糖，如一次性静脉输入大量的葡萄糖或进食糖类食物过多，这种称为饮食性糖尿；也可因情绪激动、交感神经兴奋、肾上腺素分泌增加而出现尿糖，这种称为情感性糖尿。饮食性糖尿和情感性糖尿统称为生理性高血糖，都是暂时的，空腹或情绪平稳时，血糖可以恢复正常。

病理性高血糖多见于糖尿病（DM），是由于遗传因素和环境因素相互作用引起的一组以慢性血糖水平增高为特征的代谢性疾病，因胰岛素分泌和（或）作用缺陷，引起糖类、蛋白质、脂肪等代谢紊乱，导致心脏、肾脏、眼底、血管及神经等器官组织的慢性进行性病变。临床典型症状为“三多一少”，即多食、多饮、多尿和体重减少。病情严重或应激时可出现急性代谢紊乱，如酮症酸中毒、高血糖高渗状态等。

（二）低血糖

非糖尿病患者空腹血糖浓度低于2.8mmol/L时称为低血糖。脑组织对低血糖比较敏感，低血糖时会出现头晕、恶心、心悸、饥饿感、出冷汗、面色苍白、血压下降等症状，严重时会出现低血糖昏迷，危及生命，如及时补充葡萄糖，症状能够缓解。

低血糖也有生理性和病理性之分。生理性低血糖主要见于长时间的饥饿、体育运动或体力劳动等；引起病理性低血糖的原因主要有严重肝疾病、胰岛素分泌过多、升血糖的激素分泌不足、临床治疗时使用降糖药物过量等。

自测题

一、选择题

1. 正常生理状态下，人体的主要供能物质是（　　）
   A. 糖　B. 脂肪
   C. 蛋白质　D. 核酸
   E. 无机盐
2. 下列物质哪一种是多糖（　　）
   A. 乳糖　B. 果糖
   C. 蔗糖　D. 淀粉
   E. 麦芽糖
3. 下列哪种物质人体不能消化（　　）
   A. 葡萄糖　B. 脂肪
   C. 纤维素　D. 磷脂
   E. 氨基酸
4. 关于糖酵解的叙述不正确的是（　　）
   A. 在细胞质中进行的
   B. 终产物是乳酸
   C. 在缺氧时为机体迅速提供能量
   D. 剧烈运动肌肉收缩时糖酵解作用增强
   E. 1mol 葡萄糖酵解生成 1mol 乳酸
5. 成熟红细胞获得能量的主要方式为（　　）
   A. 糖酵解　B. 糖的有氧氧化
   C. 磷酸戊糖途径　D. 三羧酸循环
   E. 糖异生
6. 三羧酸循环的第一步反应产物是（　　）
   A. 草酰乙酸　B. 柠檬酸
   C. 乙酰 COA　D. $NADH+H^+$
   E. 丙酮酸
7. 糖有氧氧化的终产物是（　　）
   A. 乙酰 CoA　B. 脂酰 CoA
   C. 丙酮酸　D. CO_2+H_2O
   E. 乳酸
8. 糖、脂肪、蛋白质三大营养物质彻底氧化分解的共同途径是（　　）
   A. 有氧氧化　B. 糖酵解
   C. 糖异生　D. 三羧酸循环
   E. 磷酸戊糖途径
9. 1 分子葡萄糖在体内彻底氧化生成二氧化碳和水的过程中，由三羧酸循环阶段产生的 ATP 数是（　　）
   A. 2 或 3　B. 10
   C. 20　D. 30
   E. 32
10. 下列哪种代谢途径既不生成能量也不消耗能量（　　）
    A. 糖酵解　B. 糖的有氧氧化
    C. 磷酸戊糖途径　D. 糖原合成
    E. 糖异生
11. 体内产生和提供 5- 磷酸核糖的唯一途径是（　　）
    A. 有氧氧化　B. 糖酵解
    C. 糖异生　D. 三羧酸循环
    E. 磷酸戊糖途径
12. 蚕豆病患者是由于体内先天性缺乏哪种酶（　　）
    A. 丙酮酸激酶
    B. 6- 磷酸葡萄糖脱氢酶
    C. 磷酸化酶
    D. 葡萄糖 -6- 磷酸酶
    E. 果糖 -1, 6- 二磷酸酶
13. 严重饥饿肝糖原耗竭时，人体主要依靠哪条代谢途径维持血糖浓度相对恒定（　　）
    A. 肝糖原的分解　B. 肝糖原的合成
    C. 肌糖原的分解　D. 糖异生
    E. 磷酸戊糖途径
14. 正常人空腹血糖浓度为（　　）

A. 3.1 ～ 3.5mmol/L

B. 3.9 ～ 6.1mmol/L

C. 4.2 ～ 6.1mmol/L

D. 3.9 ～ 7.2mmol/L

E. 3.6 ～ 3.9mmol/L

15. 调节血糖浓度的主要器官是（　　）

A. 肾　　B. 肺

C. 小肠　　D. 胃

E. 肝

二、填空题

1. 体内糖的运输形式是________，储存形式是________。

2. 糖在体内的分解途径包括________、________、________三条，缺氧时________加强，正常生理情况下主要靠________供能。

3. 磷酸戊糖途径的反应在________中进行，主要生成________和________。

4. 糖原合成时葡萄糖的活性供体是________，肝糖原可直接被分解为葡萄糖是因为肝中含________酶，而肌肉组织中无此酶。

5. 体内升高血糖的激素有________、________、________等，降低血糖的激素是________。

（柳晓燕）

第7章
生物氧化

案例 7-1

患者，女，47岁。半小时前被发现失去意识，急送入院。前一晚患者在屋内围炉煮茶，未开窗户。患者呼之不应，口唇呈樱桃红色，经检查初步诊断为一氧化碳中毒。除了生炉取暖引发的一氧化碳中毒，烧炭火锅、用暖炉取暖、燃气热水器洗澡、在车内开空调睡觉等行为都可能成为诱发一氧化碳中毒的帮凶。

问题： 1. 发生一氧化碳中毒后，该如何第一时间进行救治？

2. 一氧化碳中毒的机制是什么？

第1节　概　　述

（一）生物氧化的概念

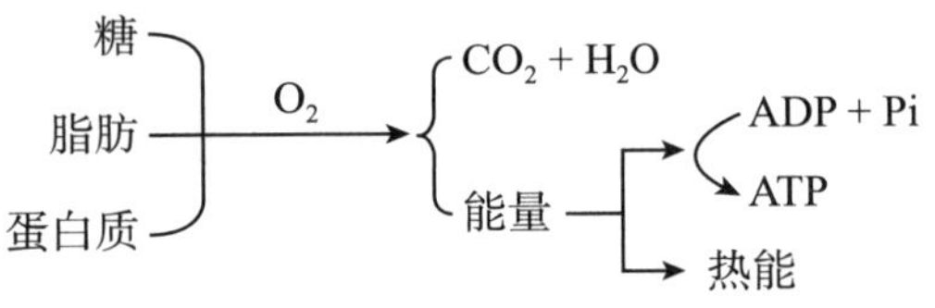

图 7-1　生物氧化的概念

物质在生物体内氧化分解的过程称为生物氧化（图 7-1），主要指糖、脂肪、蛋白质等营养物质在生物体内进行一系列氧化分解，最终生成 CO_2 和 H_2O 并释放能量的过程。生物氧化释放的能量使 ADP 磷酸化生成 ATP，供生命活动的需要。

考点 生物氧化的概念

（二）生物氧化的方式

生物氧化与化学氧化（燃烧）相比，有两个共同点：一是物质氧化时所消耗的氧量、最终产物（CO_2 和 H_2O）及释放的能量均相同；二是氧化的方式均遵循氧化反应的一般规律。常见的氧化方式有加氧、脱氢和脱电子等类型。

生物氧化与化学氧化的区别如下所述。

1. 反应条件　生物氧化是在细胞内温和的环境中（体温，pH 接近中性）进行；体外氧化通常需要高温或者高压等条件。

2. 反应过程　生物氧化是逐步进行的酶促反应，体外氧化是一步完成。

3. 能量释放　生物氧化是逐步进行的酶促反应，伴随能量的逐步释放；体外氧化多为化学能瞬间释放，且多为热能。

4. CO_2 的生成　生物氧化是有机酸脱羧生成，体外氧化是 C 和 O 直接结合生成。

（三）生物氧化中二氧化碳的生成

生物氧化最重要的产物之一是 CO_2，人体内 CO_2 的生成并不是代谢物的碳原子与氧直接化合，而是来源于有机酸的脱羧反应。糖、脂类、蛋白质在体内代谢过程中可产生许多不同的有机酸，有机酸在酶的催化下，经过脱羧基作用产生 CO_2。脱羧反应根据脱去的羧基在有机酸分子中的位置不同，可分为 *α*- 脱羧和 *β*- 脱羧两种；又根据脱羧是否伴有氧化反应，可分为单纯脱羧和氧化脱羧两种类型。

四种脱羧方式如下：

1. *α*- 单纯脱羧　脱去 *α* 碳原子上的羧基，如 *α*- 氨基酸的脱羧作用。

$$\underset{\text{α-氨基酸}}{R-\overset{\alpha}{C}H(NH_2)-\boxed{COO}H} \xrightarrow[\text{维生素 } B_6]{\text{氨基酸脱羧酶}} \underset{\text{胺}}{R-CH_2-NH_2} + CO_2$$

2. *α*- 氧化脱羧　如丙酮酸氧化脱羧生成乙酰辅酶 A。

$$\underset{\text{丙酮酸}}{CH_3\overset{\alpha}{C}O\boxed{COO}H} + NAD^+ + HSCoA \xrightarrow{\text{丙酮酸脱氢酶复合体}} \underset{\text{乙酰辅酶A}}{CH_3CO\sim SCoA} + NADH + H^+ + CO_2$$

3. *β*- 单纯脱羧　如草酰乙酸脱羧生成丙酮酸。

$$\underset{\text{草酰乙酸}}{\overset{\beta}{C}H_2(\overset{\alpha}{C}OCOOH)-\boxed{COO}H} \underset{\text{丙酮酸羧化酶}}{\overset{\text{脱羧酶}}{\rightleftharpoons}} \underset{\text{丙酮酸}}{CH_3COCOOH} + CO_2$$

4. *β*- 氧化脱羧　如苹果酸脱羧生成丙酮酸。

$$\underset{\text{苹果酸}}{\overset{\beta}{C}H_2(\overset{\alpha}{C}HOHCOOH)-\boxed{COO}H} + NADP^+ \overset{\text{苹果酸酶}}{\rightleftharpoons} \underset{\text{丙酮酸}}{CH_3COCOOH} + NADPH + H^+ + CO_2$$

第 2 节　线粒体氧化体系

三磷酸腺苷（ATP）是体内供给能量的能量系统，体内 ATP 生成有两种方式，一种是底物水平磷酸化，一种是氧化磷酸化。体内绝大多数能量是以氧化磷酸化方式生成的。氧化磷酸化是指代谢物脱下的氢经呼吸链传递时，释放的能量使 ADP 磷酸化生产 ATP 的过程。氧化磷酸化是体内 ATP 生成的主要方式。

（一）呼吸链

线粒体在生物氧化过程中具有重要的作用。生物氧化的许多重要反应（如三羧酸循环、*β*- 氧化等）都是在线粒体中进行。线粒体的内膜上排列着许多的酶和辅酶，它们可以将代谢物脱下的成对氢原子逐步传递给氧生成水，同时有 ATP 生成。这种按照一定顺序排列在线粒体内膜上而构成的递氢和递电子的与细胞利用氧气密切联系在一起的连锁反应体系称为呼吸链。

构成呼吸链的递氢体和递电子体主要分为以下五类。

1. 烟酰胺腺嘌呤核苷酸 NAD^+（辅酶Ⅰ，Co Ⅰ） 是脱氢酶的辅酶，是维生素 PP 在体内的活性形式，呼吸链中 NAD^+ 的主要功能是接受从代谢物上脱下的 2H（$2H^+$+2e），然后传递给黄素蛋白。维生素 PP 还有一种活性形式为烟酰胺腺嘌呤二核苷酸磷酸 $NADP^+$（辅酶Ⅱ，Co Ⅱ），也可作为脱氢酶的辅酶，但不参与呼吸链中氢的传递。

$$NAD^+ + 2H \rightleftharpoons NADH + H^+$$

2. 黄素蛋白 种类很多，其辅基有两种，一种为黄素单核苷酸（FMN），另一种为黄素腺嘌呤二核苷酸（FAD），两者均是维生素 B_2 在体内的活性形式。多数黄素蛋白参与呼吸链组成，与氢和电子转移有关。

$$FAD + 2H \rightleftharpoons FADH_2$$

$$FMN + 2H \rightleftharpoons FMNH_2$$

3. 铁硫蛋白（Fe-S） 是一类分子中含有等量铁和硫的蛋白质。在线粒体的内膜上，铁硫蛋白常与黄素酶和细胞色素等递氢体或电子体构成复合物，复合物中的铁硫蛋白是传递电子的反应中心，也称铁硫中心，其中的铁离子可以通过二价和三价的相互转变来传递电子。

$$Fe^{2+} \underset{+e}{\overset{-e}{\rightleftharpoons}} Fe^{3+}$$

4. 泛醌（辅酶 Q，CoQ，Q） 是广泛分布于生物界的脂溶性醌类化合物。CoQ 是一种递氢体，它能可逆地加 2H 和脱掉 2H。

$$CoQ + 2H \rightleftharpoons CoQH_2$$

5. 细胞色素（Cyt） 是位于线粒体内膜上含铁的电子传递体。其辅基为铁卟啉，通过分子中心的铁离子得失电子的方式传递电子。在细胞线粒体内膜上存在的细胞色素主要有 Cyt b、Cyt c_1、Cyt c、Cyt a 和 Cyt a_3。由于 Cyt a 和 Cyt a_3 结合较紧，不易分开，常统称为 Cyt aa_3。在呼吸链中，最后是由 Cyt aa_3 将电子传递给氧分子，使得氧分子激活成为氧离子，因而 Cyt aa_3 也被称为细胞色素氧化酶。

$$2Cyt\text{-}Fe^{2+} \underset{+2e}{\overset{-2e}{\rightleftharpoons}} 2Cyt\text{-}Fe^{3+}$$

考点 呼吸链的概念

（二）体内两条重要的呼吸链

目前认为体内氧化呼吸链有两条途径：NADH 氧化呼吸链和 $FADH_2$ 氧化呼吸链（图 7-2）。

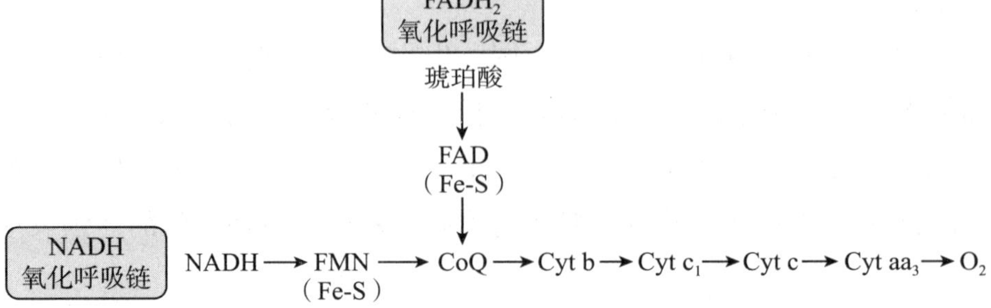

图 7-2 体内两条重要的呼吸链

1. NADH 氧化呼吸链　糖代谢、脂代谢及氨基酸代谢的许多中间产物如乳酸、苹果酸、*β*- 羟丁酸、*β*- 羟脂酰辅酶 A、谷氨酸等，在相应脱氢酶的催化下将脱下的氢交给 NAD^+ 生成 $NADH+H^+$，在 NADH 脱氢酶作用下，$NADH+H^+$ 将两个氢原子传递给 FMN 生成 $FMNH_2$，再将氢传递至 CoQ 生成 $CoQH_2$，此时两个氢原子解离成 $2H^+$+2e，$2H^+$ 游离于介质中，2e 经 Cyt b、Cyt c_1、Cyt c、Cyt aa_3 传递，最后将 2e 传递给 $1/2O_2$，生成 O^{2-}，O^{2-} 与介质中游离的 $2H^+$ 结合生成水。递氢和递电子过程见图 7-3。

2. $FADH_2$ 氧化呼吸链　琥珀酸在琥珀酸脱氢酶作用下脱氢生成延胡索酸，FAD 接受两个氢原子生成 $FADH_2$，然后再将氢传递给 CoQ，生成 $CoQH_2$，此后的传递和 NADH 氧化呼吸链相同。递氢和递电子过程见图 7-3。

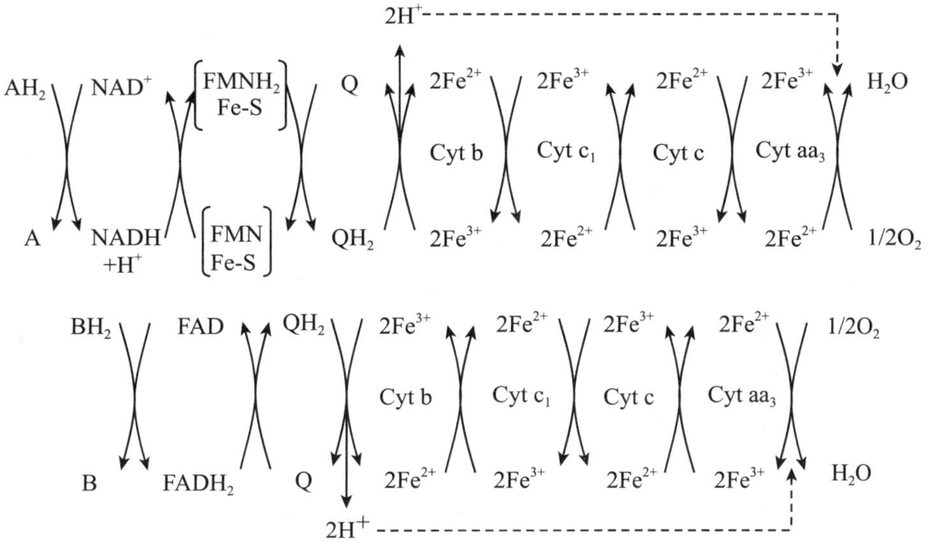

图 7-3　两条呼吸链中氢和电子的传递

考点　体内两条重要的呼吸链的组成

（三）ATP 的生成

1. 底物水平化磷酸化　底物在代谢过程中由于脱氢、脱水等反应而引起分子内部能量聚集，以高能磷酸键直接转移给 ADP 生成 ATP，这个过程称为底物水平磷酸化（图 7-4）。底物水平磷酸化生成 ATP 不需要经过呼吸链的电子传递过程，也不需要消耗氧，也不利用线粒体的 ATP 酶系统，因此生成 ATP 的速度比较快，但是生成量不多。在机体缺氧或无氧条件下，底物水平磷酸化是一种生成 ATP 的简便快捷的方式。

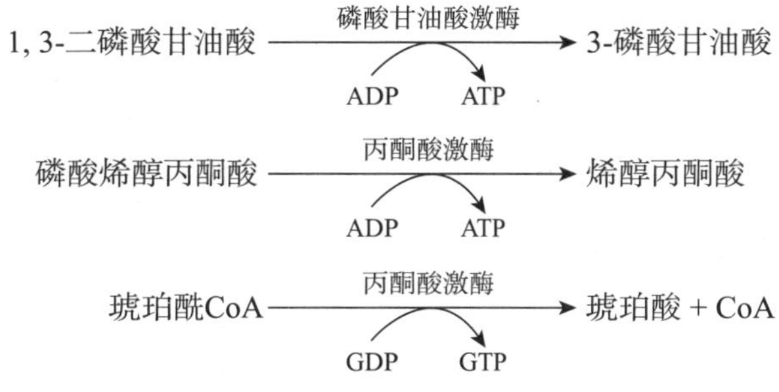

图 7-4　底物水平磷酸化举例

2. 氧化磷酸化　代谢物脱下的氢经呼吸链传递给氧生成水的过程伴有能量的释放，所释放的能量可使 ADP 磷酸化生成 ATP，这种氢的氧化与 ADP 磷酸化相偶联的过程称为氧化磷酸化（图 7-5）。

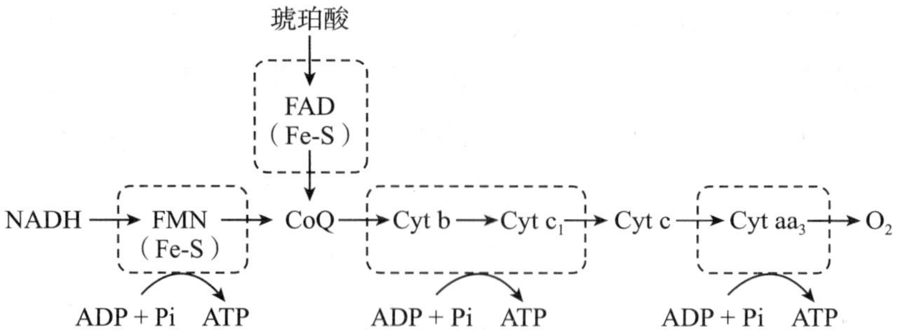

图 7-5 氧化磷酸化偶联部位示意图

医者仁心

杨茂君与 ATP 合酶

杨茂君，清华大学生命科学学院教授，国家重点研发计划首席科学家，获得霍英东基础研究奖、谈家桢生命科学创新奖、茅以升北京青年科技奖等诸多奖项。

近年来，关于 ATP 合酶的结构生物学研究已取得了大量突破性的重大研究成果。但是哺乳动物 ATP 合酶的蛋白亚基构成尚未明晰，ATP 合酶在线粒体内的排布方式及活性调控机制也一知半解。2019 年 6 月 14 日，杨茂君教授研究团队在 *Science* 杂志发表论文，突破性地发现并解析了哺乳动物 ATP 合酶四聚体的构成形式和高分辨率结构。该结构是目前发现的最完整的哺乳动物 ATP 合酶结构，该结构不仅能够完美地解释哺乳动物 ATP 合酶如何合成 ATP 分子，而且还鉴定了各个亚基在复合物中的位置和功能，提出了细胞内调控 ATP 合酶的分子机制，为进一步理解哺乳动物 ATP 合酶的亚基组成、调控机制，以及其对线粒体形态的影响等提供了重要的结构基础。

3. 影响氧化磷酸化的因素

（1）ATP/ADP 值的调节　ATP/ADP 值是影响氧化磷酸化速度的重要因素。ATP/ADP 值下降，可致氧化磷酸化速度加快；反之，当 ATP/ADP 值升高时，则氧化磷酸化速度减慢。

（2）激素的调节　甲状腺激素可以诱导细胞膜上 Na^+，K^+-ATP 酶的合成，使 ATP 水解增多，氧化磷酸化加快。甲状腺激素还可诱导解偶联蛋白基因表达增加，因而引起耗氧和产热均增加。因此甲状腺功能亢进患者有基础代谢率增高、产热增加、喜冷怕热及容易出汗等症状。

（3）抑制剂

1）呼吸链抑制剂：能阻断呼吸链中某些部位的电子传递（图 7-6），如鱼藤酮、粉蝶霉素 A 及异戊巴比妥等，它们可以阻断电子传递。抗霉素 A 可抑制 Cyt b 与 Cyt c_1 之间的电子传递。CO、CN^- 及 H_2S 等可抑制细胞色素氧化酶，使电子不能传递给氧。此类抑制剂可使细胞内呼吸停止，与此相关的细胞生命活动停止，引起机体迅速死亡。例如，工业生产中产生的含氰化物蒸气以及粉尘、含碳物质在氧不充分的情况下燃烧产生的 CO 等。

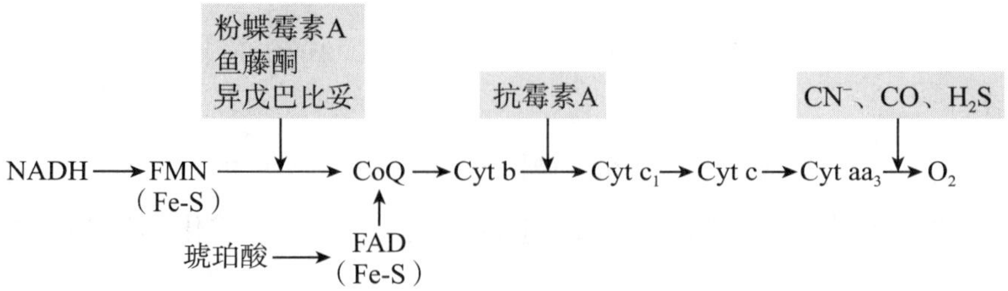

图 7-6 呼吸链抑制剂抑制作用示意图

链 接

CO中毒的家庭救治方法

①及时开窗通风：使新鲜空气流入室内，同时不要碰触室内的任何电器开关，如果发现有煤气泄漏的情况，还应及时关闭煤气阀门。②转移患者：及时转移患者至空气流通的地方，轻症一氧化碳中毒患者可逐渐恢复意识，如患者处于昏迷状态，应将患者的头部偏向一侧，防止呕吐物进入气管引起窒息，并解开衣领，保证气管不被束缚，从而缓解呼吸困难等不适。

此外，及时呼叫120急救，将患者送医院，并告知医务人员做好一氧化碳中毒的治疗准备。在送往医院后，遵医嘱进行高压氧治疗。

2）解偶联剂：不影响电子传递，而是解除氧化与磷酸化的偶联作用，使氧化过程产生的能量不能生成ATP，而是以热能的形式散发。例如，二硝基苯酚是脂溶性物质，可在线粒体内膜中自由行走，破坏电化学梯度，使ATP生成与呼吸链的传递之间解偶联。这类物质不阻断呼吸链中氢和电子的传递，但抑制了ADP磷酸化生成ATP，造成ADP堆积，刺激细胞呼吸，细胞耗氧量增加，物质氧化释放的能量不能储存在ATP分子中，而是以热能的形式散发，导致体温升高。常见的解偶联剂还有双香豆素、水杨酸、水杨酰苯胺等。感冒或患某些传染性疾病时，患者体温升高，就是由于细菌或者病毒产生的解偶联剂所致。

链 接

新生儿硬肿病

冬眠哺乳动物和新生儿体内含有较多的棕色脂肪组织，其中的线粒体内膜中含有丰富的解偶联蛋白，它通过氧化磷酸化解偶联释放能量，使组织产热，所以棕色脂肪组织是机体的产热御寒组织。若由于某种原因导致新生儿体内缺少棕色脂肪组织，新生儿产能将减少，再加上如果新生儿周围环境温度过低，散热过多，棕色脂肪容易耗尽，体温即会下降，导致皮下脂肪紧，同时低温时周围毛细血管扩张，渗透性增加，易发生水肿，进而导致新生儿硬肿病。

考点 氧化磷酸化的概念和影响因素

（四）ATP的储存和利用

糖、脂类、蛋白质在分解代谢过程中释放的能量大约有40%以化学能的方式储存在ATP中。ATP在能量代谢中起着核心作用，ATP是体内最重要的高能磷酸化合物，是细胞可以直接利用的能量形式。ATP也是生物体进行能量转移的关键性物质，它直接参与细胞中的各种能量代谢反应。

ATP是肌肉收缩的直接能源，但其浓度很低，每千克肌肉的含量仅以mmol计，当肌肉急剧收缩时，ATP的消耗速度会远远超过营养物质氧化时ATP生成的速度，这时肌肉收缩的能量就依赖于磷酸肌酸。磷酸肌酸是肌肉和脑组织中能量的储存形式，肌酸在肌酸激酶（CK）的作用下，将ATP中的能量转移到磷酸肌酸中储存，当肌肉收缩ATP供应不足时，磷酸肌酸可将储存的能量再转移给ADP，迅速生成ATP，供机体需要。

$$\text{肌酸} + \text{ATP} \xrightarrow{\text{肌酸激酶(CK)}} \text{磷酸肌酸} + \text{ADP}$$

心肌与骨骼肌不同，心肌是持续性节律性收缩与舒张，能直接利用葡萄糖、游离脂肪酸和酮体为燃料，经氧化磷酸化产生ATP，供心肌利用。心肌既不能大量储存脂肪和糖原，也不能储存很多的磷酸肌酸，因此，一旦心血管受阻导致缺氧，则极易造成心肌坏死，即心肌梗死。

糖、脂肪、蛋白质的生物合成除需要 ATP 外，还需要其他核苷三磷酸，如糖原合成需 UTP，磷脂合成需要 CTP，蛋白质合成需要 GTP。这些核苷三磷酸的生成和补充，不能从物质氧化过程中直接生成，而主要来源于 ATP。

$$GDP + ATP \longleftrightarrow GTP + ADP$$

$$CDP + ATP \longleftrightarrow CTP + ADP$$

$$UDP + ATP \longleftrightarrow UTP + ADP$$

第 3 节　其他氧化体系

线粒体氧化体系是高等生物的主要氧化体系，此外还有在微粒体、过氧化物酶体及细胞其他部位存在的氧化体系。生物氧化过程中，大多数的物质在脱氢酶的催化下脱下氢，氢通过线粒体中呼吸链的传递与氧结合生成水，并在这个过程中释放出能量，但是也有一些代谢物在氧化酶或者是需氧脱氢酶的催化下，脱下的氢直接结合氧生成 H_2O 或者 H_2O_2。这些在线粒体以外的氧化体系统称为非线粒体氧化体系，该体系参与呼吸链以外的氧化作用，如自由基清除、H_2O_2 的代谢等。这些氧化体系不伴有 ATP 的生成，主要与体内代谢物、毒物和药物的生物转化有关。

一、微粒体氧化体系

微粒体中存在加氧酶，其能催化 O_2 直接转移并结合到底物分子中，根据向底物分子中加入氧原子数目的不同，其又分为单加氧酶和双加氧酶。

1. 单加氧酶　单加氧酶催化的化学反应，反应时向底物分子中加入一个氧原子，生成的产物带有羟基，也称为羟化酶。该酶系可使氧分子中的一个氧原子加到底物分子上，使 RH 生成 ROH；而另一个氧原子从 NADPH+H^+ 中获得 H 被还原成水。

$$RH + O_2 + NADPH + H^+ \xrightarrow{\text{单加氧酶}} ROH + NADP^+ + H_2O$$

2. 双加氧酶　双加氧酶也称为氧转移酶，基本反应如下：

$$A + O_2 \xrightarrow{\text{双加氧酶}} AO_2$$

二、活性氧清除体系

生物氧化过程中，O_2 必须接受经呼吸链传递的 4 个电子，生成 H_2O。但是有时候会产生一些部分还原的氧的形式。O_2 得到 1 个电子生成超氧阴离子（O_2^-），接受 2 个电子生成过氧化氢（H_2O_2），接受 3 个电子生成羟自由基（·OH）和 H_2O_2。超氧阴离子、过氧化氢和羟自由基，这些未被完全还原的氧分子的氧化能力远大于 O_2，统称为活性氧（ROS），这些物质也可看作线粒体化呼吸链的“副产物”。机体含有多种清除活性氧的酶可以将它们及时处理和利用。

1. 过氧化物酶氧化体系 过氧化物酶体是一种特殊的细胞器，存在于动物组织的肝、肾、中性粒细胞中。主要通过细胞器中包含的过氧化氢酶和过氧化物酶发挥作用。

2. 超氧化物歧化酶 超氧化物歧化酶（SOD）是一种普遍存在于生物体内的酶，是人体防御内、外环境中超氧阴离子对人体侵害的重要的酶。

自 测 题

一、选择题

1. 呼吸链存在于（ ）
   A. 细胞膜 B. 线粒体外膜
   C. 线粒体内膜 D. 微粒体
   E. 过氧化物酶体
2. 呼吸链中可被一氧化碳抑制的成分是（ ）
   A. FAD B. FMN
   C. Cyt c D. Cyt aa_3
   E. 铁硫蛋白
3. 下列哪种物质不是NADH氧化呼吸链的组分（ ）
   A. FMN B. FAD
   C. 泛醌 D. 铁硫蛋白
   E. Cyt c
4. 机体生命活动的能量直接供应者是（ ）
   A. 葡萄糖 B. 蛋白质
   C. 乙酰辅酶 D. ATP
   E. 脂肪
5. 下列哪种物质不抑制呼吸链电子传递（ ）
   A. 二巯基丙醇 B. 二硝基苯酚
   C. 硫化氢 D. 寡霉素
   E. 粉蝶霉素A
6. 下列哪种物质是解偶联剂（ ）
   A. 一氧化碳 B. 二硝基苯酚
   C. 鱼藤酮 D. 氰化物
   E. 硫化氰
7. 参与线粒体氧化呼吸链递氢递电子的维生素是（ ）
   A. 泛酸 B. 生物素
   C. 维生素PP D. 维生素B_1
   E. 维生素B_6
8. 呼吸链中可被CO抑制的是（ ）
   A. FAD B. FMN
   C. Fe-S D. Cyt aa_3
   E. Cyt c
9. ATP生成的主要方式是（ ）
   A. 肌酸磷酸化 B. 糖的磷酸化
   C. 氧化磷酸化 D. 底物水平磷酸化
   E. 有机酸脱羧
10. 下列关于生物氧化的叙述错误的是（ ）
    A. 在生物体内发生的氧化反应
    B. 是一系列酶促反应
    C. 氧化过程中能量逐步释放
    D. 线粒体中的生物氧化可伴有ATP生成
    E. 与体外氧化的条件相同，但释放的能量不同

二、填空题

1. ATP生成的主要方式有________、________。
2. 人体各种生命活动所需能量的直接供应者是________，而________是能量的储存形式。
3. 体内CO_2的生成不是碳和氧的直接化合，而是通过________生成的。

（高琼曼）

第8章 脂类代谢

脂类是脂肪和类脂的总称，是生物体内一类重要的有机化合物。脂肪是由一分子甘油和三分子脂肪酸脱水缩合而成的酯，称为三酰甘油（TG，又称甘油三酯）。类脂包括磷脂（PL）、糖脂、胆固醇（Ch）及胆固醇酯（CE）。

第1节 概　　述

一、脂类的分布与含量

脂肪主要分布在脂肪组织，以皮下组织、大网膜、肠系膜、肾脏周围及肌纤维间最多。储存脂肪的部位称为脂库，成年男性脂肪含量占体重的10%～20%，女性则稍高。人体内脂肪含量易受营养状况、机体活动强度等因素影响而有较大变动，故脂肪又称为可变脂。

链　接

体重指数

体重指数又称体质（量）指数，简称BMI，计算方法为用体重千克数除以身高米数平方得出的数值，临床上常采用体重指数作为判断肥胖的常用简易指标。BMI在18.5～23.9kg/m^{2}时为正常水平，低于18.5kg/m^{2}为体重过低，24.0～27.9kg/m^{2}为超重，大于28.0kg/m^{2}为肥胖。肥胖可诱发动脉粥样硬化、高血压、糖尿病等疾病。

类脂分布于各组织中，是构成生物膜的基本成分。人体内类脂含量约占体重的5%，以神经组织中含量最多。人体内类脂含量比较恒定，不受营养状况、机体活动强度等因素的影响而变动，故类脂又称为固定脂或基本脂。

二、脂类的生理功能

（一）脂肪的生理功能

1. 储能与供能　脂肪是体内主要的储能物质。脂肪在体内彻底氧化产生的能量比相同重量的糖或蛋白质高一倍多。合理饮食情况下，人体所需能量的20%～30%由脂肪提供；空腹时，体内所需能量的50%以上来自脂肪的氧化分解；禁食1～3天后，约85%的能量来自脂肪。

2. 提供营养必需脂肪酸　机体不能合成、必须由食物提供的多不饱和脂肪酸，称为营养必需脂肪酸，如亚油酸、亚麻酸和花生四烯酸等。必需脂肪酸为维持生长发育和皮肤正常代谢所必需，还具有降低血中胆固醇及抗动脉粥样硬化的作用。

3. 促进脂溶性维生素的吸收　食物中的脂肪可溶解脂溶性维生素，以利于机体的吸收。胆道梗阻的患者，不仅脂类物质的消化吸收存在障碍，脂溶性维生素的吸收也会减少。

4. 维持体温、保护内脏　脂肪不易导热，人体皮下脂肪组织可防止热量散失以维持体温。脏器周围的脂肪组织能缓冲外来的机械撞击，使内脏免受损伤。

（二）类脂的生理功能

1. 构成生物膜　磷脂和胆固醇是生物膜的重要组成成分，约占生物膜重量的一半，维持着生物膜的正常结构和功能。

2. 参与神经髓鞘的构成　磷脂和胆固醇参与构成神经髓鞘，维持神经冲动的正常传导。

3. 参与组成血浆脂蛋白　血浆脂蛋白是血浆脂类的运输形式，在脂蛋白的结构中，磷脂是载脂蛋白与脂类结合的桥梁。

4. 提供营养必需脂肪酸　磷脂分子中含有必需脂肪酸，是人体必需脂肪酸的重要来源。

5. 转变为其他物质　体内的胆固醇可转化为胆汁酸、类固醇激素、维生素 D_3 等多种重要的生物活性物质。

类脂还具有细胞识别及信息传递的功能。

考点 脂类的生理功能

三、脂类的消化吸收

膳食中的脂类主要是三酰甘油，此外还含少量磷脂、胆固醇等。小肠上段是脂类消化的主要场所。脂类不溶于水，其消化需要胆汁酸盐参与。进入肠道的胆汁富含胆汁酸盐，胆汁酸盐是较强的乳化剂，可将脂类乳化成细小微团，增加消化酶与脂质的接触面积，有利于脂类的消化。

脂类的消化产物包括甘油、一酰甘油（甘油一酯）、脂肪酸、胆固醇等，主要在十二指肠下段及空肠上段吸收。这些产物在胆汁酸盐的作用下形成更小的混合微团，被肠黏膜细胞吸收。

第 2 节　三酰甘油代谢

一、三酰甘油的分解代谢

（一）脂肪动员

脂肪组织储存的三酰甘油，在脂肪酶的催化下，逐步水解为甘油和脂肪酸，并释放入血被全身各组织氧化利用的过程，称为脂肪动员（图 8-1）。

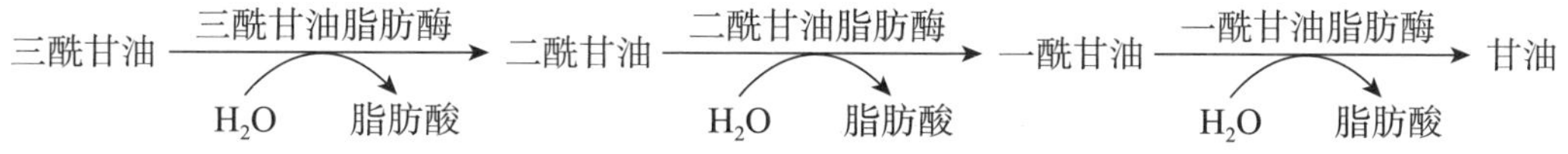

图 8-1　脂肪动员的过程

三酰甘油脂肪酶是脂肪动员的限速酶，活性受多种激素的调控，又称为激素敏感性脂肪酶。例如，肾上腺素、去甲肾上腺素、胰高血糖素、促肾上腺皮质激素等能增强三酰甘油脂肪酶的活性而促进脂肪动员，称为脂解激素；胰岛素、前列腺素 E_2 等能抑制三酰甘油脂肪酶的活性，减少脂肪动员，称为抗脂解激素。

机体处于紧张或饥饿状态时，肾上腺素、去甲肾上腺素、胰高血糖素分泌增加，三酰甘油脂肪酶活性增强，脂肪动员加强，机体储存的脂肪减少。所以，人体长期处于紧张或饥饿状态时会消瘦。两类激素的协同作用可以使得体内三酰甘油水解的速度适应机体的需要。

考点 脂肪动员的概念、产物、限速酶

（二）甘油的代谢

1. 氧化分解供能或异生成糖　脂肪动员产生的甘油主要由血液运输到肝、肾及小肠黏膜等组织细胞，经甘油激酶的催化生成 *α*- 磷酸甘油，然后脱氢生成磷酸二羟丙酮，进入到糖分解代谢途径，有氧时继续氧化分解生成 CO_2 和 H_2O 并释放能量；氧供应不足时可分解为乳酸；也可经糖异生作用转化为葡萄糖或糖原（图 8-2）。

图 8-2　甘油的氧化与糖异生途径

2. 合成脂肪　甘油经甘油激酶催化生成的 *α*- 磷酸甘油可作为合成脂肪的原料。

（三）脂肪酸的氧化

脂肪酸是体内氧化供能的主要物质，除脑组织和成熟红细胞外，大多数组织都能利用脂肪酸氧化供能，以肝和肌肉组织最活跃。线粒体是脂肪酸氧化的主要部位。脂肪酸的氧化过程可概括为四个阶段：脂肪酸的活化、脂酰 CoA 的转运、脂酰 CoA 的 *β*- 氧化及乙酰 CoA 的彻底氧化。

1. 脂肪酸的活化　脂肪酸在脂酰 CoA 合成酶催化下生成脂酰 CoA 的过程称为脂肪酸的活化。反应在细胞质中进行，生成的脂酰 CoA 不仅含有高能键，而且水溶性强，提高了脂肪酸的代谢活性。反应中 ATP 供能后生成 AMP 和焦磷酸，故 1 分子脂肪酸活化实际上消耗了 2 个高能磷酸键（相当于 2 个 ATP，图 8-3）。

$$\text{脂肪酸} + \text{HS-CoA} + \text{ATP} \xrightarrow[\text{Mg}^{2+}]{\text{脂酰CoA合成酶}} \text{脂酰 CoA} + \text{AMP} + \text{PPi}$$

图 8-3　脂肪酸的活化

2. 脂酰 CoA 的转运　催化脂肪酸氧化的酶系存在于线粒体基质内，因此在细胞质中活化的脂酰 CoA 必须进入线粒体才能进一步代谢。脂酰 CoA 不能自由通过线粒体内膜，需要借助特异转运载体——肉碱将脂酰基转运至线粒体基质。进入线粒体基质的脂酰基与 CoA-SH 结合后又转变为脂酰 CoA，开始氧化分解（图 8-4）。

3. 脂酰 CoA 的 *β*- 氧化　进入线粒体基质的脂酰 CoA，在脂肪酸 *β*- 氧化酶系的催化下氧化分解。由于氧化主要发生在脂酰基的 *β* 碳原子上，故称为脂肪酸的 *β*- 氧化。每一次 *β*- 氧化过程包括脱氢、加水、再脱氢、硫解四步连续反应，生成 1 分子乙酰 CoA 和 1 分子比原来少 2 个碳原子的脂酰 CoA（图 8-5）。后者可继续进行 *β*- 氧化，如此反复进行，直至脂酰 CoA 完全氧化为乙酰 CoA。*β*- 氧化的终产物是乙酰 CoA。一次 *β*- 氧化包括两次脱氢反应，生成的 $FADH_2$ 和 NADH 经氧化磷酸化，可生成 4 分子 ATP。

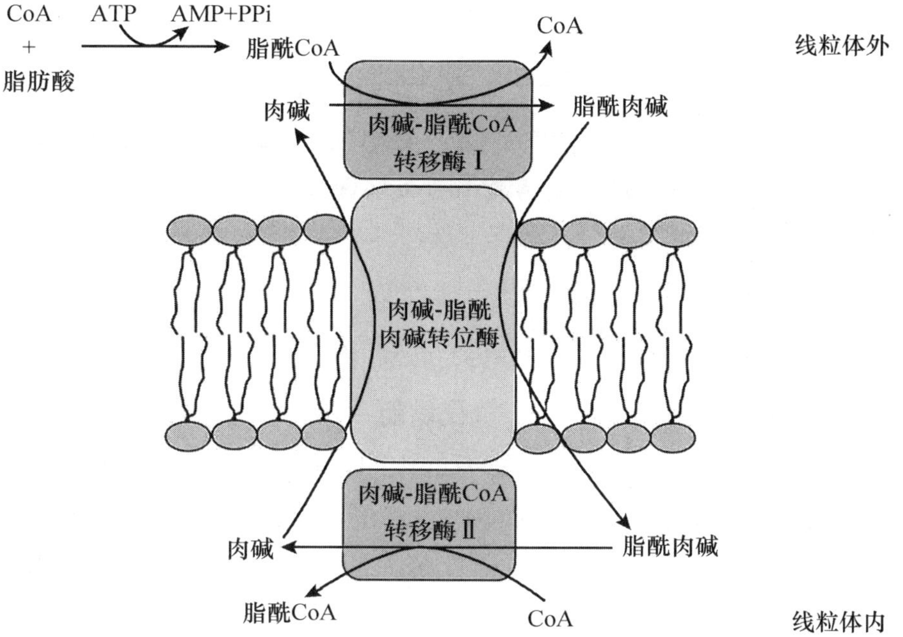

图 8-4 脂酰 CoA 穿梭进入线粒体示意图

4. 乙酰 CoA 的彻底氧化 脂肪酸 *β*- 氧化生成的乙酰 CoA，在线粒体内经三羧酸循环彻底氧化分解成 CO_2 和 H_2O，并释放能量。肝脏中脂肪酸 *β*- 氧化生成的乙酰 CoA，还可在线粒体中缩合成酮体。

5. 脂肪酸 *β*- 氧化的能量计算 以 1 分子 12 碳的软脂酸的氧化为例，需经 5 次 *β*- 氧化，生成 6 分子乙酰 CoA（图 8-6）。*β*- 氧化阶段生成 4×5=20 分子 ATP，三羧酸循环阶段生成 10×6=60 分子 ATP。脂肪酸活化时消耗了 2 分子 ATP，故 1 分子软脂酸完全氧化分解，净生成 20+60–2=78 分子 ATP。由此可见，脂肪酸是体内重要的能源物质。

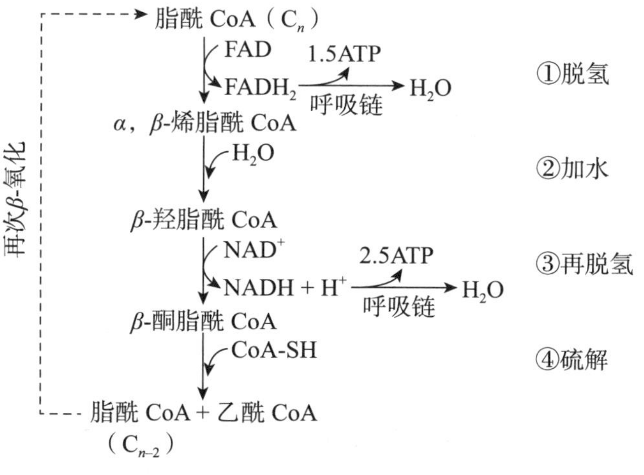

图 8-5 脂酰 CoA 的 *β*- 氧化

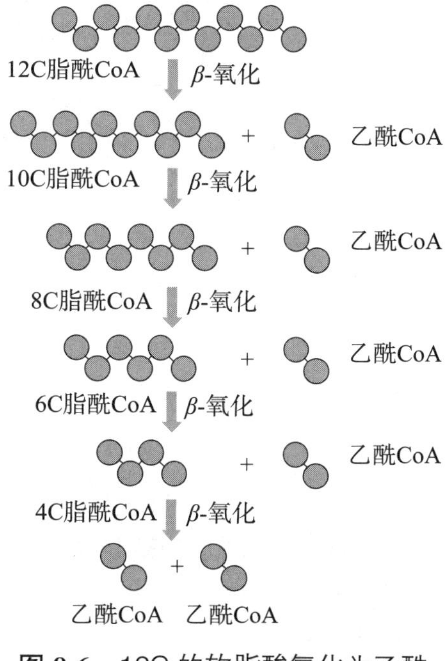

图 8-6 12C 的软脂酸氧化为乙酰 CoA 的过程

考点 脂肪酸的分解代谢及能量计算

（四）酮体的生成和利用

案例 8-1

患者，男，56 岁，口渴、多饮、消瘦 3 个月，突发昏迷 2 日。呼吸弱，有烂苹果味。随机血糖值 30mmol/L，尿糖、尿酮体强阳性。初步诊断为糖尿病酮症酸中毒。

问题：1. 请分析该患者消瘦的原因。

2. 酮症酸中毒的机制是什么？

在心肌、骨骼肌等肝外组织中，脂肪酸经 *β*- 氧化生成的乙酰 CoA 能彻底氧化供能，而在肝细胞中 *β*- 氧化生成的乙酰 CoA，除了氧化供能，还能缩合生成酮体。

酮体是脂肪酸在肝内分解代谢产生的特有的中间产物，包括乙酰乙酸、*β*- 羟丁酸和丙酮三种物质。其中 *β*- 羟丁酸约占酮体总量的 70%，乙酰乙酸占 30%，丙酮含量极微。

1. 酮体的生成　肝细胞线粒体中含有活性很强的酮体生成酶系，可将脂肪酸 *β*- 氧化产生的大量乙酰 CoA 转变为酮体。

2. 酮体的利用　肝内缺乏氧化利用酮体的酶，肝内生成的酮体需经血液运输至肝外组织氧化利用。故酮体代谢呈现肝内生酮肝外用的特点。乙酰乙酸和 *β*- 羟丁酸在酶的催化下重新转变为乙酰 CoA，进入三羧酸循环彻底氧化分解，并产生能量（图 8-7）。丙酮的生成量很少，可经肺呼出。

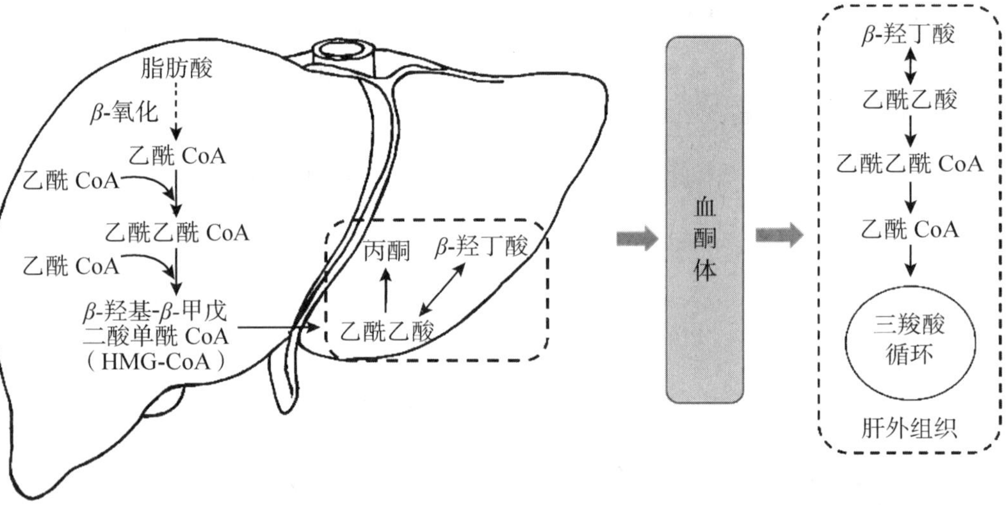

图 8-7　酮体的生成与利用示意图

3. 酮体生成的生理意义　酮体是肝输出脂类能源的一种重要形式。酮体分子小，水溶性强，易通过血脑屏障和毛细血管壁，是脑和肌肉组织的重要能源物质。在糖供能不足时，酮体可替代葡萄糖成为脑和肌肉等组织的主要能源。例如，长期饥饿或机体处于紧急状态时，脑组织所需能量约 75% 由酮体提供。

肝外组织氧化酮体的能力很强，所以正常人血中酮体含量仅为 0.03 ～ 0.50mmol/L。过度饥饿及严重糖尿病时，脂肪动员及脂肪酸氧化分解增强，肝内酮体生成增多，超过肝外组织利用能力时，引起血中酮体升高，称为酮血症；由于乙酰乙酸、*β*- 羟丁酸都是酸性物质，在血液中浓度过高，可引起酮症酸中毒。一部分酮体随尿排出，称为酮尿。过多的丙酮经患者肺呼出，产生特殊的烂苹果气味，称为酮味。

链 接

口气知多少

日常生活中，口中呼出的难闻气味让人烦恼。你知道吗，小小的口气也可能是身体患病的表现。消化不良可呼出酸腐气味；牙周炎、口腔黏膜糜烂、龋齿可呼出恶臭气味；肺脓肿、支气管扩张可呼出腥臭味；糖尿病酮症酸中毒会呼出烂苹果味；严重尿毒症可呼出尿臭味；有机磷农药中毒可呼出大蒜味；肝性脑病会呼出鼠臭味。

考点 酮体代谢的特点、生理意义、酮症酸中毒

二、三酰甘油的合成代谢

肝、脂肪组织及小肠是体内三酰甘油合成的主要器官，合成原料是 α- 磷酸甘油和脂酰 CoA。

1. α- 磷酸甘油的来源　α- 磷酸甘油主要由糖代谢的中间产物磷酸二羟丙酮还原生成，也可来自甘油的磷酸化。

2. 脂酰 CoA 的来源　脂肪酸活化生成脂酰 CoA。体内合成脂肪酸的原料是乙酰 CoA，主要来自糖的氧化分解。合成过程中的供氢体是 $NADPH+H^+$，由磷酸戊糖途径产生。

$$\text{乙酰 CoA} + HCO_3^- \xrightarrow[\text{ATP} \quad \text{ADP}]{\text{乙酰 CoA 羧化酶}} \text{丙二酰 CoA}$$

$$\text{乙酰 CoA} + 7\text{丙二酰 CoA} + 14\,NADPH + 14H^+ \xrightarrow{\text{脂肪酸合成酶系}} \text{软脂酸} + 7CO_2 + 8CoA + 6H_2O + 14NADP^+$$

3. 三酰甘油的合成　在细胞质内，以 α- 磷酸甘油和脂酰 CoA 为原料，在脂酰 CoA 转移酶和磷脂酸磷酸酶的催化下合成三酰甘油。

链 接

脂肪代谢的特点

胆汁胰酶化脂肪，先入淋巴再循环。肝解脂肪生酮体，氧化应进三羧酸。

第 3 节　类脂的代谢

一、磷 脂 代 谢

类脂中含有磷酸的化合物称为磷脂，人体含量最多的磷脂是甘油磷脂。磷脂酰乙醇胺（脑磷脂）和磷脂酰胆碱（卵磷脂）是重要的甘油磷脂，主要存在于脑组织、大豆和蛋黄中。

甘油磷脂是脂类中极性最大的一类化合物，分子中既含有疏水基团，又含有亲水基团，是蛋白质与脂类之间结合的桥梁。

（一）甘油磷脂的合成

1. 合成部位　机体各组织均能合成甘油磷脂，其中以肝脏最为活跃。

2. 合成原料及辅因子　合成甘油磷脂的主要原料是二酰甘油（甘油二酯）、乙醇胺（胆

胺）、胆碱、丝氨酸等，还需要辅因子 FH_4、维生素 B_{12} 参与，ATP、CTP 供能。

3. 合成过程 由食物供给或丝氨酸脱羧生成的乙醇胺和胆碱，在酶的催化下分别活化生成 CDP- 乙醇胺和 CDP- 胆碱，再与二酰甘油反应，生成磷脂酰乙醇胺和磷脂酰胆碱。磷脂酰胆碱也可由磷脂酰乙醇胺甲基化生成（图 8-8）。

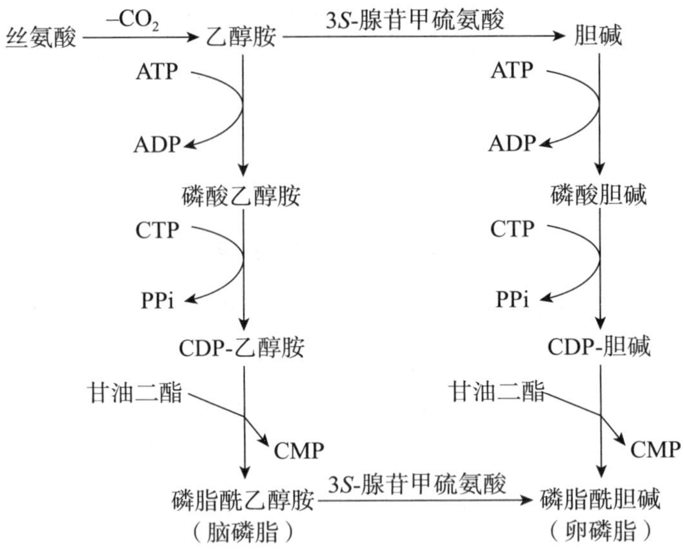

图 8-8 磷脂酰乙醇胺和磷脂酰胆碱的合成

（二）甘油磷脂的分解

人体内含有催化甘油磷脂水解的多种磷脂酶类。如磷脂酶 A_1、A_2、B、C、D 可分别作用于甘油磷脂分子中的各个酯键，使甘油磷脂水解生成甘油、脂肪酸、胆碱或乙醇胺和磷酸。这些产物可继续氧化分解或重新利用。

（三）甘油磷脂与脂肪肝

磷脂是极低密度脂蛋白（VLDL）的重要组成成分。机体缺乏乙醇胺和胆碱等合成磷脂的原料时，磷脂合成减少，VLDL 生成障碍，导致肝细胞内的脂肪运出困难而在肝内堆积，可引起脂肪肝。临床上常用甘油磷脂或合成甘油磷脂的原料（如甲硫氨酸、胆碱、乙醇胺等）及相关的辅因子（ATP、CTP、叶酸、维生素 B_{12}）来防治脂肪肝。

二、胆固醇代谢

健康成人体内胆固醇总量约 140g，广泛分布于全身各组织，以神经组织、肾上腺皮质、卵巢等组织含量最高，其次是肝、肾、小肠等组织。

人体胆固醇的来源有两方面。一是体内合成，这是人体胆固醇的主要来源。二是从食物中摄取，主要来自动物性食物，如动物内脏、脑组织、蛋黄、奶油等。

（一）胆固醇的合成代谢

成年人除脑组织及成熟红细胞外，其他组织均可合成胆固醇。人体每天合成胆固醇的总量为 1.0 ～ 1.5g。肝脏是合成胆固醇的主要器官，其合成量占总量的 70% ～ 80%，其次是小肠，占总量的 10%。

胆固醇合成的基本原料是乙酰 CoA，糖、脂肪、蛋白质分解产生的乙酰 CoA 均可进入胆固醇合成途径。合成过程由 NADPH+H^+ 提供氢、ATP 供能。以上物质绝大部分由糖代谢产生，因此高糖饮食可促进胆固醇合成，升高血脂。

胆固醇的合成主要在细胞质和内质网中进行，限速酶是 HMG-CoA 还原酶，合成过程很复杂（图 8-9）。

考点 胆固醇合成的主要器官、原料

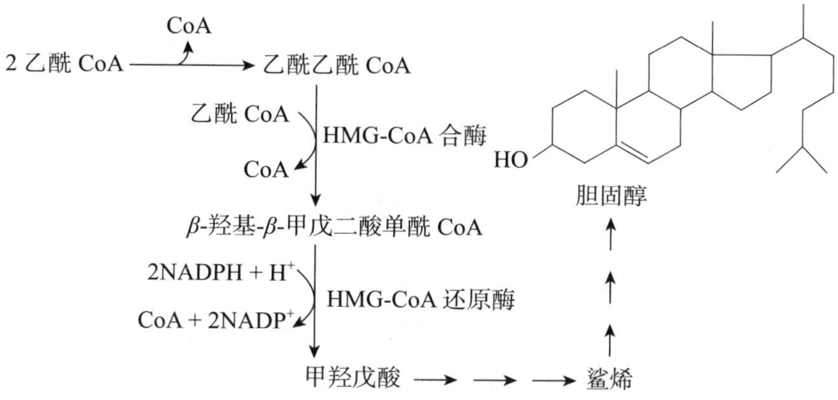

图 8-9　胆固醇合成的基本过程

（二）胆固醇的转化与排泄

胆固醇在体内不能氧化供能，所以不是能源物质，但可转变为多种具有重要生理功能的类固醇物质。

1. 转变为胆汁酸　胆固醇在体内的主要代谢去路是在肝中转变为胆汁酸。胆汁酸以胆汁酸盐的形式随胆汁排入肠道，促进脂类物质的消化吸收。

2. 转变为类固醇激素　在肾上腺皮质，胆固醇可转变为醛固酮、皮质醇等类固醇激素；在睾丸，胆固醇可转变为睾酮；在卵巢，可转变为雌激素和孕激素。

3. 转变为维生素 D_3　胆固醇在肝、小肠黏膜、皮肤等处可被氧化成 7- 脱氢胆固醇，随血液循环运输至皮肤储存。皮下的 7- 脱氢胆固醇经阳光中紫外线照射可转变为维生素 D_3，是体内维生素 D_3 的重要来源。

4. 胆固醇的排泄　体内胆固醇可随胆汁进入肠道，少量被重吸收，大部分被肠道细菌还原为粪固醇随粪便排出。

考点 胆固醇的转化途径

第 4 节　血脂与血浆脂蛋白

一、血　　脂

血浆中的各种脂类物质统称为血脂，包括三酰甘油、磷脂、胆固醇、胆固醇酯和游离脂肪酸。

血浆脂类仅占全身脂类总量的极少部分，但血脂转运于全身各组织之间，可以反映体内脂类物质的代谢状况。因此，测定血脂含量是临床生化检验的常规项目，可用于辅助诊断

疾病。血脂含量受膳食、年龄、性别、代谢等因素影响，波动范围较大。空腹血脂的含量相对恒定，临床采血时间为空腹 12 ～ 14 小时后。

正常情况下，血脂的来源与去路保持动态平衡（图 8-10）。

考点 血脂的概念和组成

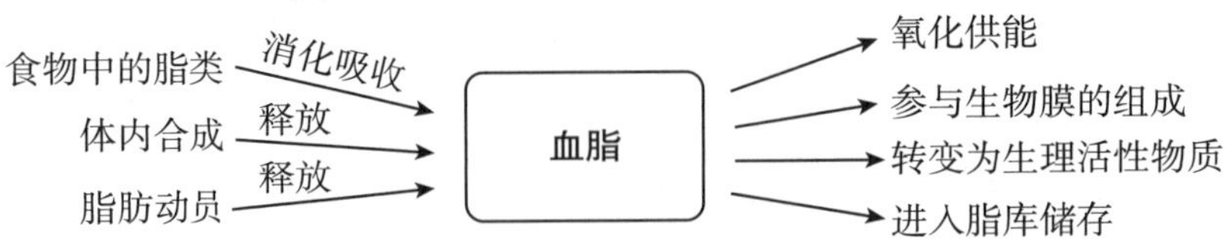

图 8-10 血脂的来源与去路

二、血浆脂蛋白

（一）血浆脂蛋白的组成与结构

脂类物质难溶于水，在血浆中必须与蛋白质结合才能运输和代谢。其中，三酰甘油、磷脂、胆固醇及胆固醇酯与载脂蛋白结合成血浆脂蛋白，游离脂肪酸与清蛋白结合成脂肪酸 - 清蛋白复合物。血浆脂蛋白是脂类物质在血液中运输的主要形式。

各种血浆脂蛋白均具有大致相似的基本结构，呈球状。疏水性较强的三酰甘油、胆固醇酯位于球状结构的内核，表面是载脂蛋白、磷脂、胆固醇等分子的亲水基团，使得脂蛋白分子能直接溶于血浆而运输。

（二）血浆脂蛋白的分类

1. 电泳法　不同脂蛋白中，因载脂蛋白的种类和含量不同，故其颗粒大小及所带电荷多少也不相同，在电场中电泳时即具有不同的迁移率，按迁移速度由快到慢分别为 α- 脂蛋白（α-Lp）、前 β- 脂蛋白（preβ-Lp）、β- 脂蛋白（β-Lp）、乳糜微粒（CM）（图 8-11）。

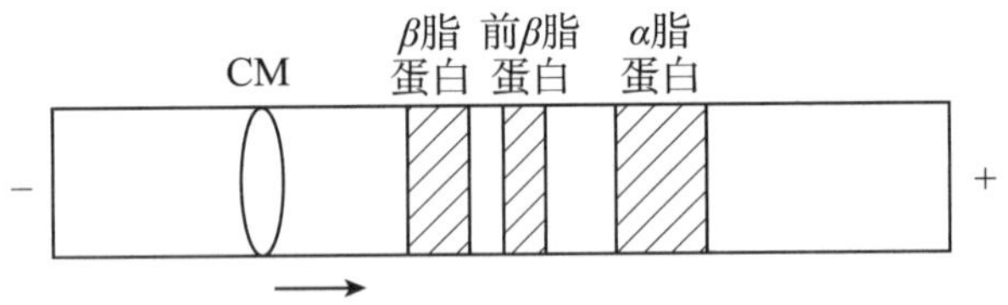

图 8-11 电泳法分离血浆脂蛋白示意图

2. 超速离心法　不同脂蛋白中，因各种脂类和蛋白质所占的比例不同，故其密度高低有所不同。将血浆置于一定密度的盐溶液中，采用 50 000r/min 的速度进行超速离心，分离后的脂蛋白按密度由低到高依次为：乳糜微粒（CM）、极低密度脂蛋白（VLDL）、低密度脂蛋白（LDL）和高密度脂蛋白（HDL）（图 8-12）。分别相当于电泳法分类的乳糜微粒、前 β- 脂蛋白、β- 脂蛋白和 α- 脂蛋白（表 8-1）。

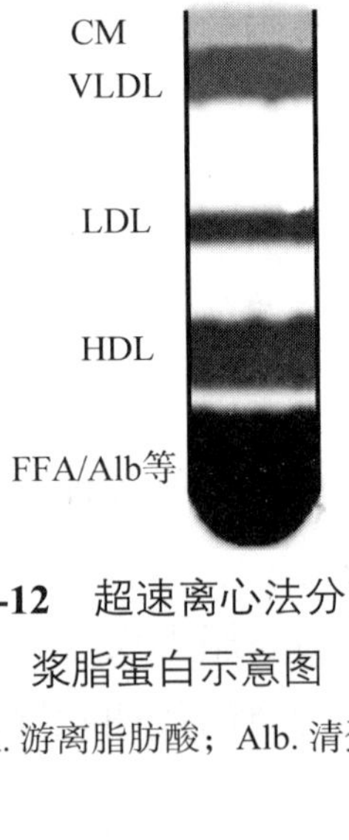

图 8-12 超速离心法分离血浆脂蛋白示意图

FFA. 游离脂肪酸；Alb. 清蛋白

（三）血浆脂蛋白的功能

1. 乳糜微粒（CM）　是小肠黏膜细胞吸收食物中的脂类物质后形成的血浆脂蛋白，经淋巴进入血液循环，是运输外源性三酰甘油的主要形式。饭后，血中 CM 增多，故血浆浑浊。当 CM 随血液流经肌肉和脂肪等组织的毛细血管时，其中的三酰甘油可被毛细血管内皮细胞表面的脂蛋白脂肪酶（LPL）反复水解，

CM 颗粒逐渐变小，残余颗粒被肝细胞摄取利用。所以，正常人空腹血浆中不含 CM，血浆是澄清的。

表 8-1 血浆脂蛋白的分类、组成和主要功能

血浆蛋白的类别		化学组成（%）				主要生理功能
密度法	电泳法	蛋白质	三酰甘油	胆固醇	磷脂	
CM	CM	1～2	80～95	2～7	6～9	转运外源性三酰甘油
VLDL	前 β- 脂蛋白	5～10	50～70	10～15	10～15	转运内源性三酰甘油
LDL	β- 脂蛋白	20～25	10	45～50	20	转运胆固醇（肝至外周）
HDL	α- 脂蛋白	40～50	5	20～22	30	转运胆固醇（外周至肝）

2. 极低密度脂蛋白（VLDL） 主要由肝细胞合成，主要功能是将肝脏合成的内源性三酰甘油转运到肝外组织。运输过程中，VLDL 中的三酰甘油也可被 LPL 水解，因此，正常人空腹时血浆 VLDL 很少。VLDL 合成障碍时，三酰甘油不能正常转运出肝脏，在肝内堆积过多可造成脂肪肝。

3. 低密度脂蛋白（LDL） 主要由 VLDL 在血浆中转变而来，是正常人空腹血浆中含量最多的脂蛋白，约占脂蛋白总量的 2/3。LDL 的主要功能是将肝脏合成的胆固醇转运到肝外组织。血浆中 LDL 含量增高，易诱发动脉粥样硬化。

4. 高密度脂蛋白（HDL） 主要由肝细胞合成，小肠也可合成。正常人空腹血浆 HDL 约占血浆脂蛋白总量的 1/3。

HDL 的主要功能是将肝外组织细胞内的胆固醇逆向转运到肝中进行代谢。这种胆固醇的逆向转运，可清除外周组织中的胆固醇，防止胆固醇沉积在动脉管壁和其他组织中。因此，血浆 HDL 含量增高，动脉粥样硬化的发病倾向减小。

考点 血浆脂蛋白的分类及功能

三、高脂血症

高脂血症，常被称为高血脂或血脂异常，通常指血浆中三酰甘油和（或）总胆固醇（TC）水平升高，也包括低密度脂蛋白胆固醇（LDL-C）升高和高密度脂蛋白胆固醇（HDL-C）水平降低。

根据升高脂蛋白的种类不同，临床上常将高脂血症分为四种类型：高胆固醇血症、高三酰甘油血症、混合性高脂血症、低高密度脂蛋白胆固醇血症。高脂血症可诱发动脉粥样硬化，是心脑血管疾病的危险因素。

自 测 题

一、选择题

1. 脂肪的主要生理功能是（ ）

A. 储能供能 B. 维持体温

C. 保护内脏 D. 提供必需脂肪酸

E. 协助脂溶性维生素吸收

2. 以下物质属于必需脂肪酸的是（　　）

A. 软脂酸和油酸　　B. 亚油酸和亚麻酸

C. 油酸和亚油酸　　D. 硬脂酸和花生四烯酸

E. 软脂酸和硬脂酸

3. 抗脂解激素是指（　　）

A. 肾上腺素　　B. 去甲肾上腺素

C. 胰岛素　　D. 胰高血糖素

E. 促肾上腺皮质激素

4. 下列代谢过程中不能在肝脏进行的是（　　）

A. 脂肪酸合成　　B. 酮体生成

C. 胆固醇合成　　D. 酮体利用

E. 脂肪合成

5. 长期饥饿时脑组织的能量主要来自（　　）

A. 脂肪酸的氧化　　B. 氨基酸的氧化

C. 葡萄糖的氧化　　D. 酮体的氧化

E. 甘油的氧化

6. 以下哪种情况可导致肝内酮体生成增多（　　）

A. 剧烈运动　　B. 高蛋白饮食

C. 高糖饮食　　D. 肝功能损伤

E. 严重糖尿病

7. 某患者体型肥胖，不善运动，喜油腻，有中度脂肪肝。下列说法错误的是（　　）

A. 不可使用磷脂防治脂肪肝

B. 可使用胆碱、乙醇胺防治脂肪肝

C. 可使用叶酸、维生素 B_{12} 防治脂肪肝

D. 应适量运动

E. 应适当减少动物油脂的摄入

8. 胆汁酸可由下列哪种物质转化而来（　　）

A. 葡萄糖　　B. 酮体

C. 维生素　　D. 胆固醇

E. 磷脂

9. 体内合成胆固醇的主要器官是（　　）

A. 肝　　B. 心

C. 小肠　　D. 肺

E. 胃

10. 体内脂肪酸和胆固醇合成的供氢体是（　　）

A. $FADH_2$　　B. $FMNH_2$

C. $NADH+H^+$　　D. $NADPH+H^+$

E. $CoQH_2$

11. 空腹血脂通常是指餐后多少小时的血浆脂质含量（　　）

A. 4 ～ 6 小时　　B. 8 ～ 10 小时

C. 12 ～ 14 小时　　D. 16 ～ 18 小时

E. 24 小时以上

12. 血浆脂蛋白中主要负责转运内源性三酰甘油的是（　　）

A. CM　　B. VLDL

C. LDL　　D. HDL

E. CM 和 VLDL

13. 下列关于 LDL 的叙述，错误的是（　　）

A. 在血浆中由 VLDL 转变而来

B. 含量高于正常者，患动脉粥样硬化的危险性高

C. 是正常人空腹血浆中主要的脂蛋白

D. LDL 升高时，血中胆固醇也升高

E. 主要功能是将肝外组织的胆固醇逆向转运到肝内

二、填空题

1. 类脂包括________、________、________、________。

2. 脂酰 CoA 的 β- 氧化包括________、________、________、________四步连续反应，终产物是________。

3. 血液中脂类物质运输的主要形式是________，由________、________、________、________与载脂蛋白结合形成。游离脂肪酸与________结合而运输。

4. 胆固醇在体内可以转变为________、________、________等多种生理活性物质。

（柳晓燕）

第 9 章 氨基酸与核苷酸代谢

蛋白质是生命的物质基础，它的基本组成单位是氨基酸。蛋白质在体内先分解为氨基酸，再进行进一步代谢，所以氨基酸代谢是蛋白质分解代谢的中心内容。核酸是遗传的物质基础，它的基本组成单位是核苷酸，核苷酸代谢是核酸代谢的基础。本章重点介绍氨基酸和核苷酸的代谢。

第 1 节　蛋白质的营养作用

一、蛋白质的生理功能

1. 维持组织细胞的生长、更新和修复　蛋白质是机体组织细胞的主要结构成分。细胞中，除水分外，蛋白质约占细胞内物质的 80%。机体的生长发育、组织细胞的更新及受损组织细胞的修复都需要蛋白质的参与。因此，人体每日须从食物中摄取一定量的蛋白质。

2. 参与重要的生理功能　蛋白质参与体内各种生理活动，如肌肉收缩、物质运输、代谢反应的催化与调节、凝血与抗凝血功能、免疫功能、遗传与变异等。

3. 氧化供能　蛋白质在体内分解为氨基酸后，经脱氨基作用生成的 α- 酮酸可以直接或间接进入三羧酸循环氧化供能。每克蛋白质在体内氧化分解可产生 17.9kJ（4.3kcal）能量。一般成人每日有 10% ～ 15% 的能量来自蛋白质，氧化供能是蛋白质的次要生理功能。

链　接

人体必需的营养物质

营养物质是指能够维持机体正常的生命活动，保证机体生长、发育及繁殖等功能的外源物质。营养物质具有提供能量、构建和修复机体组织及调节机体生理功能的作用。人体必需的营养物质有六大类：糖类、脂类、蛋白质、水、无机盐和维生素。一些科学家把纤维素称为人体第七大营养素，纤维素具有促进胃肠蠕动及通便等作用。

二、蛋白质的需要量

每日摄入多少蛋白质才能满足机体的需要呢？氮平衡是研究蛋白质需要量的重要手段。

（一）氮平衡

氮平衡是指人体每日摄入氮量与排出氮量之间的对比关系。食物中的含氮物质主要是蛋白质，摄入氮量反映了人体蛋白质的合成量；粪便、尿液等排泄物中的含氮物质主要是蛋白质的分解代谢产物，排出氮量反映了人体蛋白质的分解量。所以氮平衡的测定可反映体内蛋白质的代谢是否平衡。氮平衡有以下三种类型。

1. 总氮平衡　每日摄入氮＝排出氮，表明体内蛋白质的合成与分解处于动态平衡。总氮平衡见于营养正常的健康成年人。

2. 正氮平衡　每日摄入氮＞排出氮，表明体内蛋白质的合成大于分解，部分摄入的氮用于合成体内新增加的组织蛋白质。正氮平衡见于婴幼儿、儿童、青少年、孕妇、乳母及恢复期患者。

3. 负氮平衡　每日摄入氮＜排出氮，表明体内蛋白质的分解大于合成。负氮平衡见于饥饿及消耗性疾病患者。

临床上对于不能进食、营养不良，严重腹泻及术后患者，为了保证其机体氨基酸的需要量，维持氮平衡，通常采用从静脉进行混合氨基酸的输液。

考点 氮平衡的概念、类型及常见人群

（二）蛋白质的需要量

根据氮平衡实验计算，健康成人（以 60kg 体重为例）在不进食蛋白质时，每天最低分解蛋白质约 20g。由于与人体蛋白质在组成上的差异，食物蛋白质不可能全部被吸收利用，故成人每天需要蛋白质 30 ～ 50g。为了长期维持总氮平衡，我国营养学会推荐成人每日蛋白质需要量为 80g。婴幼儿、儿童、青少年、孕妇、乳母及恢复期患者等特殊人群还应适当增加蛋白质的供给量。

三、蛋白质的营养价值

（一）食物蛋白质营养价值评价

组成人体蛋白质的氨基酸有 20 种，其中有 8 种人体不能合成，必须从食物中摄取，称为必需氨基酸。其他 12 种氨基酸人体可以合成，不必依赖食物供给，称为非必需氨基酸。

考点 必需氨基酸的概念、种类

链　接

必需氨基酸的记忆口诀

人体必需的 8 种氨基酸可采用谐音法记忆——借一两本淡色书来。借是指缬氨酸，一是指异亮氨酸，两是指亮氨酸，本是指苯丙氨酸，淡是指甲硫氨酸（蛋氨酸），色是指色氨酸，书是指苏氨酸，来是指赖氨酸。

食物蛋白质营养价值的高低主要取决于其所含必需氨基酸的种类、数量和比例是否与人体所需要的相接近。越接近，蛋白质的吸收利用率越高，营养价值越高。一般来说，动物蛋白质所含必需氨基酸的种类、数量和比例与人体所需要的更接近，故动物蛋白质营养价值高于植物蛋白质。

（二）蛋白质的互补作用

将几种营养价值较低的蛋白质混合食用，必需氨基酸可以互相补充，从而提高蛋白质的营养价值，称为食物蛋白质的互补作用。例如，谷类蛋白质含赖氨酸较少而含色氨酸较多，豆类蛋白质则相反，两者混合食用，可明显提高营养价值。所以平时膳食种类应多样化、合理化。

第 2 节　氨基酸的一般代谢

一、氨基酸的代谢概况

食物蛋白质经消化而被吸收的氨基酸，与体内组织蛋白分解产生的氨基酸及体内合成的非必需氨基酸混合在一起，分布于体液中，称为氨基酸代谢库。氨基酸代谢库中的氨基酸有四条去路：①合成组织蛋白，这是氨基酸的主要去路；②经脱氨基作用生成氨和相应的 α- 酮酸，这是氨基酸分解代谢的主要去路；③经脱羧基作用生成胺和 CO_2；④转变为其他含氮化合物。正常情况下代谢库中氨基酸的来源和去路保持动态平衡。氨基酸的代谢概况如图 9-1 所示。

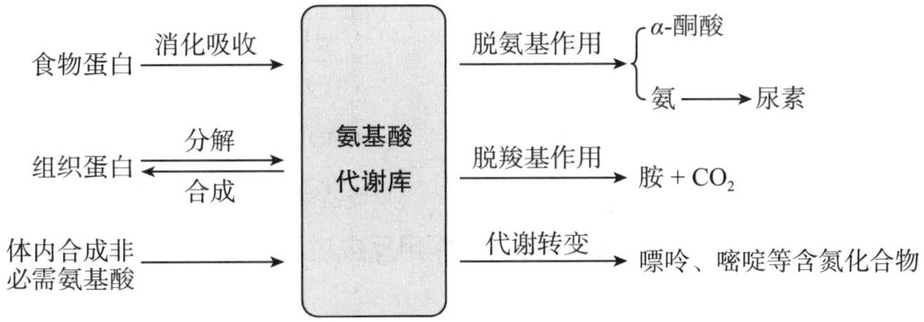

图 9-1　氨基酸的代谢概况

二、氨基酸的脱氨基作用

氨基酸的脱氨基作用在体内大多数组织中均可进行，方式有转氨基作用、氧化脱氨基作用和联合脱氨基作用三种，其中以联合脱氨基作用最为重要。

考点　氨基酸脱氨基作用的方式

（一）转氨基作用

在氨基转移酶的催化下，一种氨基酸脱去氨基生成相应的 α- 酮酸，而另一种 α- 酮酸得到此氨基生成相应的 α- 氨基酸，此过程称为转氨基作用。其反应如图 9-2 所示。

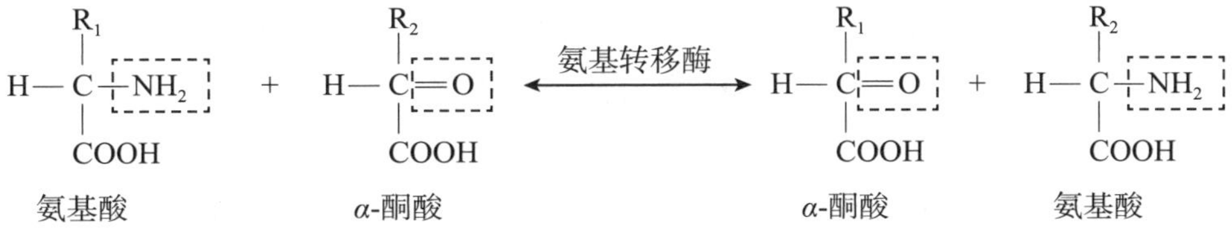

图 9-2　转氨基作用通式

转氨基作用反应可逆，所以也是体内合成非必需氨基酸的重要途径。转氨基作用只使氨基在不同氨基酸之间发生了转移，并没有游离氨的生成。

体内氨基转移酶种类多、分布广，其辅酶为维生素 B_6 的磷酸酯——磷酸吡哆醛和磷酸吡哆胺。体内较为重要的氨基转移酶有两种：谷丙转氨酶（GPT、ALT）和谷草转氨酶（GOT、AST），分别催化不同的转氨基反应（图 9-3）。

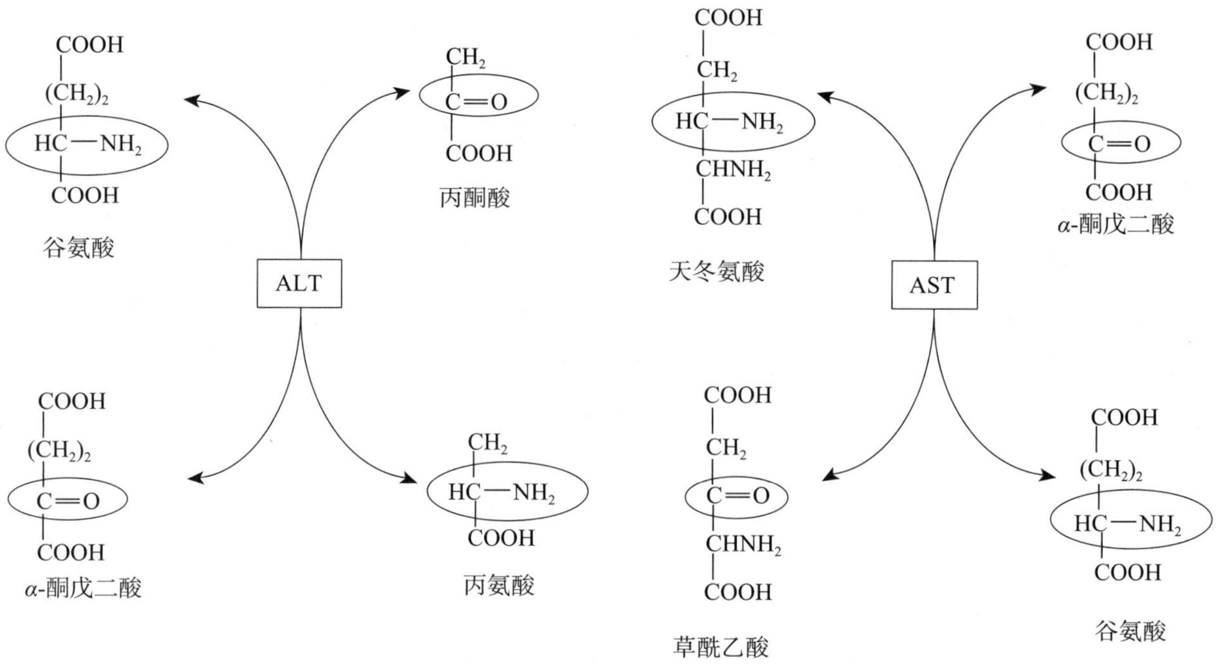

图 9-3 转氨基作用反应过程

氨基转移酶在体内分布广泛，但在不同组织中的活性相差很远。ALT 在肝细胞中活性最高，AST 在心肌细胞中活性最高。

（二）氧化脱氨基作用

氨基酸在氧化酶的催化下，脱氢氧化的同时脱去氨基的过程，称为氧化脱氨基作用。体内有多种氨基酸氧化酶，其中 *L*- 谷氨酸脱氢酶最为重要。该酶的辅酶是 NAD^+ 或 $NADP^+$，反应是可逆的，逆反应是合成非必需氨基酸的途径之一（图 9-4）。

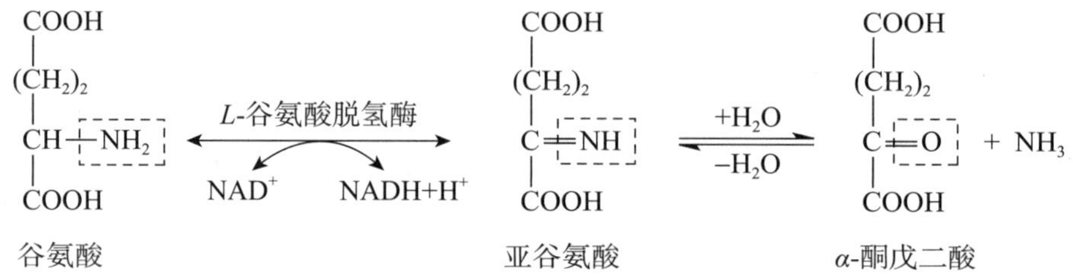

图 9-4 氧化脱氨基作用

L- 谷氨酸脱氢酶主要分布于肝、肾和脑等组织中，活性高，特异性强，但在骨骼肌和心肌组织中活性较弱。

（三）联合脱氨基作用

由两种或两种以上的酶共同作用，使氨基酸最终脱去氨基生成 *α*- 酮酸的过程，称为联合脱氨基作用。联合脱氨基作用是体内氨基酸脱氨基作用的主要方式，又分为两种类型。

1. 氨基转移酶与谷氨酸脱氢酶的联合脱氨基作用　氨基酸与 *α*- 酮戊二酸在氨基转移酶的作用下进行转氨基作用，生成相应的 *α*- 酮酸和谷氨酸；谷氨酸再经 *L*- 谷氨酸脱氢酶催化发生氧化脱氨基作用，释放出游离氨并重新生成 *α*- 酮戊二酸（图 9-5）。

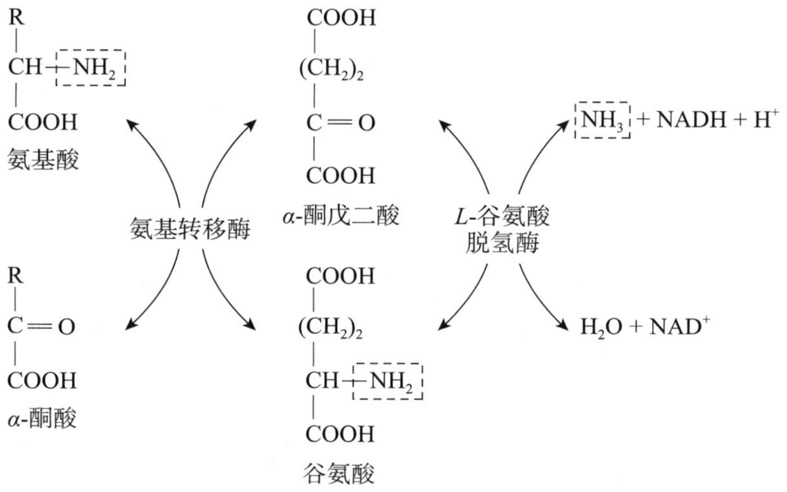

图 9-5　氨基转移酶与谷氨酸脱氢酶的联合脱氨基作用

除肌肉组织外，体内大多数组织主要借此方式进行氨基酸的脱氨基作用。此过程为可逆反应，其逆过程也是体内合成非必需氨基酸的主要途径。

2. 嘌呤核苷酸循环　心肌、骨骼肌中 *L*- 谷氨酸脱氢酶活性较低，氨基酸的脱氨基作用主要通过嘌呤核苷酸循环完成（图 9-6）。

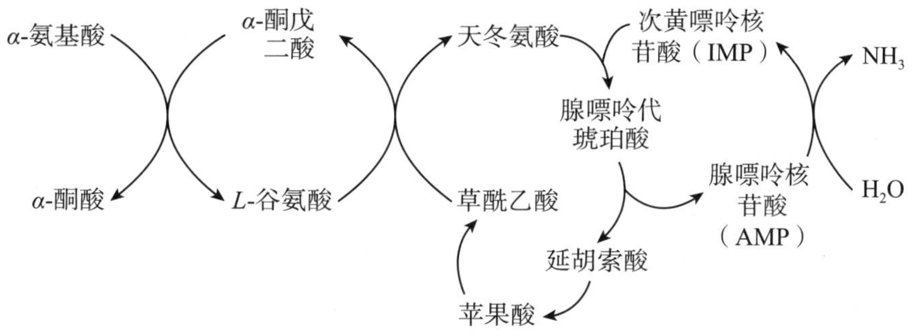

图 9-6　嘌呤核苷酸循环

三、氨的代谢

案例 9-1

患者，男，50 岁，前一天晚上在亲戚家进食 2 个鸡蛋、约 300g 烤鸭及少量猪肉等，今晨被发现昏迷，送入医院，头颅 CT 检查无异常。患者出现反复发作性昏迷已半年，且每次发病前均有进食高蛋白食物史。肝功能检查：血氨 150μmol/L。B 超检查示血吸虫性肝纤维化。

问题：1. 请对患者做出初步诊断。

2. 该患者出现上述临床症状的诱因是什么？

氨是机体正常代谢的产物，具有一定毒性，特别是对神经组织。例如，给家兔注射氯化铵，当其血氨浓度达到 2.9mmol/L 时即可导致其死亡。由于体内有较强的解除氨毒的机制，所以正常人血浆中氨的水平很低，含量一般不超过 0.06mmol/L。

（一）氨的来源

1. 氨基酸脱氨基作用　体内氨基酸脱氨基作用是氨的主要来源。另外胺类、嘌呤、嘧啶等含氮化合物的分解也会产生少量的氨。所以，临床上对高血氨患者要限制蛋白质的补充。

2. 肠道吸收　肠道吸收的氨主要有两个来源：一是来自于蛋白质腐败作用，即肠内食物中未被消化的蛋白质或未被吸收的氨基酸在肠道细菌作用下产生的氨；二是血中尿素扩散入肠腔后，经细菌尿素酶水解产生的氨。故用不被肠道吸收的抗生素，可抑制肠道细菌，减少肠道氨的产生。

每天肠道产氨约 4g，吸收部位主要在结肠，NH_3 比 NH_4^+ 更容易透过细胞膜而被吸收。NH_3 与 NH_4^+ 的相互转变受肠道 pH 的影响。当肠道 pH 下降时，NH_3 与 H^+ 结合生成 NH_4^+ 而扩散入肠腔，氨的吸收减少；当肠道 pH 升高时，则偏向于 NH_3 的生成，导致氨的吸收增加。因此，临床上对高血氨的患者采用酸性透析液做结肠透析，而禁止用碱性肥皂水灌肠，就是为了减少氨的吸收。

3. 肾产生　肾小管上皮细胞中谷氨酰胺水解生成谷氨酸和氨。氨主要被分泌到肾小管管腔中，与 H^+ 结合成 NH_4^+ 由尿排出。故酸性尿可促使氨扩散入尿；当尿液偏碱性时，氨则被吸收入血，引起血氨增高。因此，临床对于肝硬化患者禁用碱性利尿药，以防血氨升高。

（二）氨的去路

1. 合成尿素　这是氨在体内代谢的主要去路。

（1）合成部位　肝是合成尿素的主要器官。实验证明，肝切除的动物，血及尿中尿素含量减少，而血氨浓度升高；临床上，暴发性肝衰竭患者的血及尿中几乎不含尿素，而血氨含量增大。

（2）合成途径　鸟氨酸循环（图 9-7）。

在 5 种酶催化下，每循环一次可使 2 分子 NH_3（其中 1 分子来自于天冬氨酸或其他氨基酸的转化）和 1 分子 CO_2 合成 1 分子尿素，同时消耗 3 分子 ATP。尿素为氨基酸分解代谢的终产物之一，经血液至肾排出体外。鸟氨酸、瓜氨酸和精氨酸对尿素合成有促进作用，故临床上常给予精氨酸治疗高血氨。

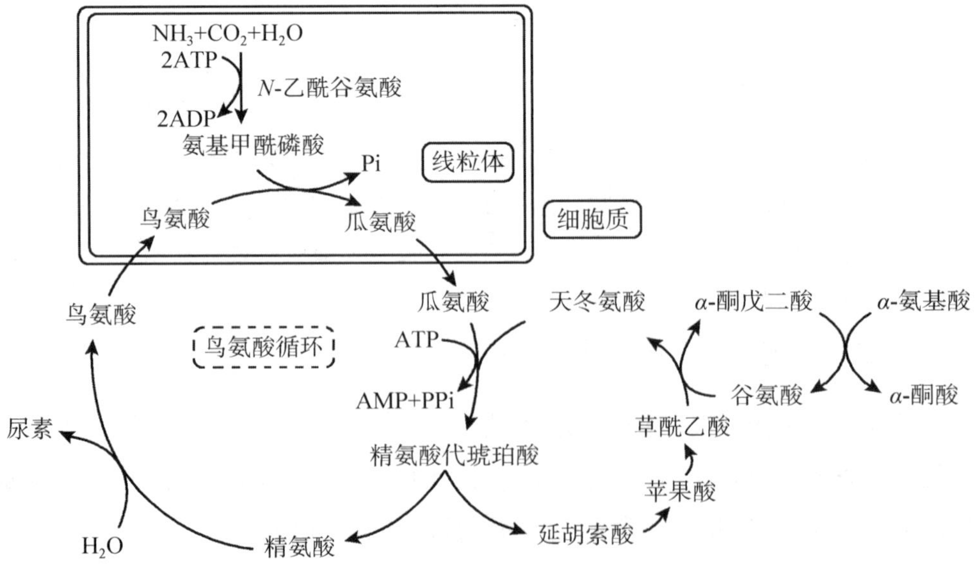

图 9-7　鸟氨酸循环

2. 合成谷氨酰胺　在脑、肌肉和肝等组织中，由 ATP 提供能量，经谷氨酰胺合成酶催化，有毒的氨与谷氨酸合成无毒的谷氨酰胺，经血液输送到肝或肾，再经谷氨酰胺酶水解为谷氨酸及氨。氨在肝可合成尿素，在肾则以铵盐形式随尿排出体外。所以谷氨酰胺的生成不仅参与蛋白质的生物合成，而且也是体内储氨、运氨及解氨毒的一种重要方式。临床上对肝性脑病患者可服用或输入谷氨酸盐以降低血氨的浓度。

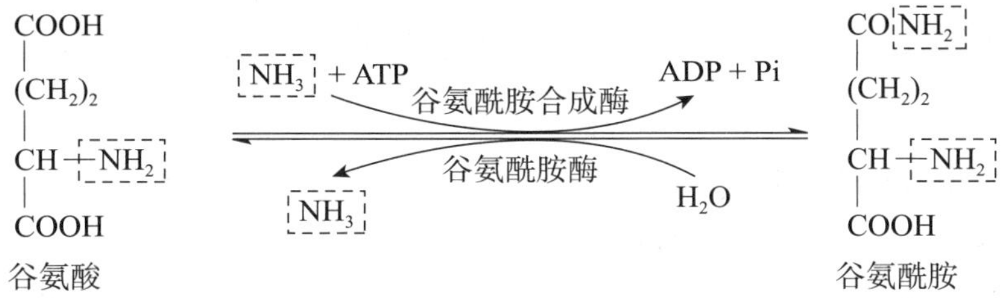

图 9-8　谷氨酸合成谷氨酰胺

3. 其他代谢途径　体内的氨可通过联合脱氨基作用的逆反应过程合成某些非必需氨基酸。此外，氨还可以参与嘌呤、嘧啶等含氮化合物的合成。

考点　血氨的来源和去路

（三）高血氨和氨中毒

在正常生理情况下，血氨的来源与去路保持动态平衡，血氨浓度很低。氨在肝内合成尿素是维持这种平衡的关键。当肝功能严重受损时，尿素合成障碍，血氨浓度升高，称为高血氨。

氨可通过血脑屏障进入脑细胞，与 α- 酮戊二酸结合生成谷氨酸，并可进一步与谷氨酸结合生成谷氨酰胺。故脑中氨的增加可消耗过多的 α- 酮戊二酸，导致三羧酸循环减弱，ATP 生成减少，引起脑组织因供能不足而出现功能障碍，严重时可发生昏迷，称为肝昏迷，也称肝性脑病。

考点　高血氨的概念、肝性脑病的生化机制

四、α- 酮酸的代谢

氨基酸经脱氨基作用生成的 α- 酮酸主要有三条代谢途径。

1. 合成非必需氨基酸。

2. 转变为糖或脂肪。

3. 氧化分解提供能量。

第 3 节　个别氨基酸的代谢

一、氨基酸的脱羧基作用

（一）胺的生成

某些氨基酸可在氨基酸脱羧酶的催化作用下脱去羧基，生成相应的胺类化合物（图 9-9）。

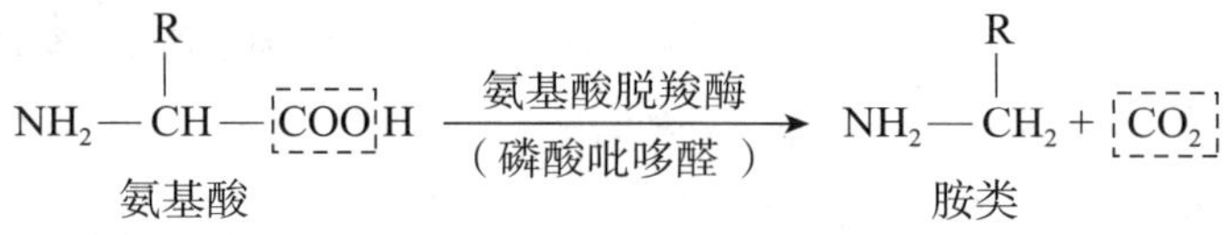

图 9-9　氨基酸生成胺类

不同的氨基酸需其特异的脱羧酶催化，辅酶是磷酸吡哆醛，生成的胺类各不相同，它们在生理浓度时，常具有重要的生理作用。若这些物质在体内蓄积，可引起神经系统及心血管系统的功能紊乱。体内广泛存在着胺氧化酶，可催化胺类物质被氧化清除。

（二）几种重要的胺类物质

1. *γ*- 氨基丁酸（GABA）　谷氨酸脱羧生成 *γ*- 氨基丁酸。

GABA 是抑制性神经递质，对中枢神经有抑制作用。维生素 B_6 可提高谷氨酸脱羧酶的活性，增加 GABA 在脑部的含量，临床上常用于妊娠呕吐和小儿惊厥的治疗。

$$\text{谷氨酸} \xrightarrow[\text{磷酸吡哆醛}]{\text{谷氨酸脱羧酶}} \gamma\text{- 氨基丁酸} + CO_2$$

2. 组胺　组氨酸脱羧生成组胺。

组胺是一种强烈的血管舒张剂，并能增加毛细血管的通透性，使血压下降，严重时可致休克；也可引起支气管痉挛而发生哮喘；肥大细胞破坏，释放大量组胺，可引起过敏反应；组胺还可促进胃黏膜细胞分泌胃蛋白酶及胃酸。临床采取胃液作分析时，常给患者注射组胺。

$$\text{组氨酸} \xrightarrow{\text{组氨酸脱羧酶}} \text{组胺} + CO_2$$

3. 5- 羟色胺（5-HT）　由色氨酸先羟化再脱羧生成。

脑组织中的 5- 羟色胺可作为抑制性神经递质，与睡眠、疼痛和体温调节有关。在外周组织中，5- 羟色胺具有收缩血管、升高血压的作用。

$$\text{色氨酸} \xrightarrow{\text{色氨酸羟化酶}} \text{5- 羟色氨酸} \xrightarrow{\text{5- 羟色氨酸脱羧酶}} \text{5- 羟色胺}$$

考点　胺类物质的生理功能

二、一碳单位代谢

1. 一碳单位的概念　某些氨基酸在体内分解代谢过程中产生的含有一个碳原子的基团，称为一碳单位。例如，甲基（$—CH_3$）、亚甲基（$—CH_2—$）、次甲基（—CH═）、甲酰基（—CHO）和亚氨甲基（—CH═NH）等，一碳单位不能游离存在。

2. 一碳单位的载体　四氢叶酸（FH_4）是一碳单位的主要载体，由叶酸还原而来。

3. 一碳单位的来源与相互转变　一碳单位是氨基酸代谢的产物，主要来源于丝氨酸、甘氨酸、组氨酸及色氨酸等。一碳单位生成后随即连接在 FH_4 分子上。

4. 一碳单位代谢的生理意义　一碳单位的主要生理功能是作为合成嘌呤、嘧啶的原料，参与核酸的合成。所以，一碳单位代谢与细胞增殖、组织生长、机体发育等重要生物学过程密切相关。此外，一碳单位通过甲硫氨酸循环参与 *S*- 腺苷甲硫氨酸的合成，为体内许多重要生理活性物质的合成提供甲基。

一碳单位代谢障碍可导致 DNA、RNA 及蛋白质生物合成受阻而引起某些疾病，如巨幼细胞贫血。磺胺药及某些抗肿瘤药也正是通过干扰细菌及肿瘤细胞的叶酸、FH_4 的合成，来影响其一碳单位代谢，进而影响核酸的合成而发挥药理作用的。

考点 一碳单位的概念、种类、载体、生理意义

三、含硫氨基酸代谢

含硫氨基酸包括甲硫氨酸、半胱氨酸和胱氨酸。

（一）甲硫氨酸代谢

1. 甲硫氨酸与转甲基作用　甲硫氨酸在体内与 ATP 反应生成的 *S*- 腺苷甲硫氨酸（SAM），又称活性甲硫氨酸，是体内最重要的甲基供体。许多具有重要生理功能的化合物，如肾上腺素、胆碱、肌酸等 50 多种物质的合成，都需要 SAM 提供甲基。

2. 甲硫氨酸循环　SAM 转甲基后生成 *S*- 腺苷同型半胱氨酸，脱去腺苷，生成同型半胱氨酸。后者从 N^5—CH_3—FH_4 获得甲基重新生成甲硫氨酸，此过程称为甲硫氨酸循环（图 9-10）。

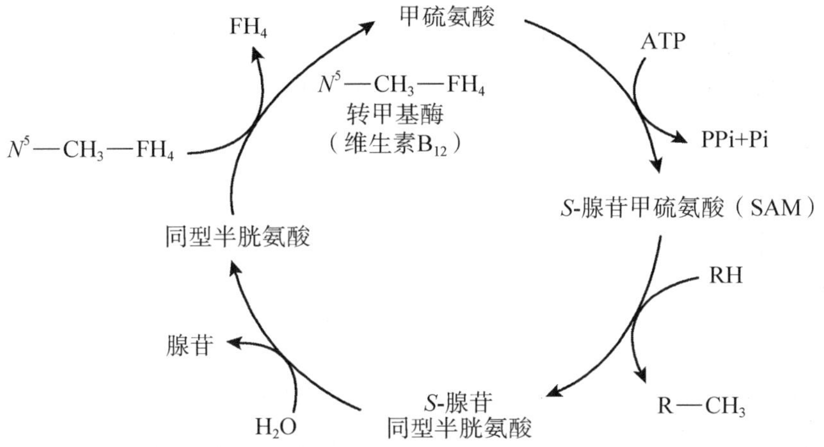

图 9-10　甲硫氨酸循环

3. 甲硫氨酸循环的意义　甲硫氨酸循环重要的生理意义在于可以生成 SAM，进行体内广泛的甲基化反应。此外，甲硫氨酸循环还可提高 FH_4 的利用率。循环中催化甲硫氨酸生成的酶是 N^5—CH_3—FH_4 转甲基酶，其辅酶是维生素 B_{12}。当维生素 B_{12} 缺乏时，N^5—CH_3—FH_4 上的甲基不能转移，不仅影响甲硫氨酸的生成，同时也影响 FH_4 的再生，使细胞内游离的 FH_4 减少，一碳单位转运障碍，影响核酸合成，细胞分裂受阻。故维生素 B_{12}、叶酸缺乏均可导致巨幼细胞贫血。

（二）半胱氨酸和胱氨酸代谢

1. 半胱氨酸和胱氨酸的相互转变　半胱氨酸含巯基（—SH），胱氨酸含二硫键（—S—S—），二者可通过氧化还原反应相互转变。

体内许多蛋白质和酶的活性依赖于其分子中半胱氨酸残基上的巯基（此类酶称为巯基酶），当巯基被氧化或与某些抑制剂结合后，这些蛋白质和酶的功能就受到破坏。体内存在

的还原型谷胱甘肽是抗氧化剂，能保护蛋白质和酶分子中的巯基，具有重要的生理功能。

2. 半胱氨酸的转变　体内半胱氨酸先氧化再脱去羧基可以生成牛磺酸，后者参与结合胆汁酸的合成。

3. 胱氨酸与蛋白质结构　胱氨酸分子中的二硫键对维持蛋白质的结构具有重要作用。

4. 分解代谢　含硫氨基酸氧化分解均可产生硫酸根（SO_4^{2-}），半胱氨酸是其主要来源。体内的硫酸根一部分以无机盐形式随尿排出；另一部分经 ATP 活化成活性硫酸根（PAPS），在肝脏的生物转化作用中起重要作用。

四、芳香族氨基酸的代谢

芳香族氨基酸是含有苯环的一类氨基酸，包括苯丙氨酸、酪氨酸和色氨酸。

（一）苯丙氨酸和酪氨酸的代谢

1. 苯丙氨酸的代谢　正常情况下，体内苯丙氨酸主要经苯丙氨酸羟化酶催化生成酪氨酸，只有极少数在苯丙氨酸转氨酶催化下生成苯丙酮酸。

苯丙氨酸 —苯丙氨酸羟化酶→ 酪氨酸（正常时大量）

苯丙氨酸 —苯丙氨酸转氨酶→ 苯丙酮酸（正常时少量）

先天性苯丙氨酸羟化酶缺乏时，苯丙氨酸不能正常转化为酪氨酸，而大量地经转氨基作用生成苯丙酮酸，苯丙酮酸随尿排出，称为苯丙酮酸尿症。苯丙酮酸的堆积对中枢神经系统有毒性，使患儿智力发育出现障碍。

2. 酪氨酸的代谢

（1）转变为儿茶酚胺　在神经组织和肾上腺髓质，酪氨酸经羟化、脱羧等反应转变为多巴胺、去甲肾上腺素和肾上腺素等儿茶酚胺类神经递质。

（2）合成黑色素　在黑色素细胞中酪氨酸酶的作用下，酪氨酸被羟化为多巴，再经一系列反应转变为黑色素。先天性缺乏酪氨酸酶，体内黑色素合成障碍，可导致白化病。

酪氨酸 —酪氨酸羟化酶（神经组织、肾上腺髓质）→ 多巴 → 多巴胺 → 去甲肾上腺素 → 肾上腺素

酪氨酸 —酪氨酸酶（黑色素细胞）→ 多巴 → 多巴醌 → 吲哚醌 → 黑色素

链接

白 化 病

白化病属于家族遗传性疾病，为常染色体隐性遗传病。患者体内先天性缺乏酪氨酸酶，黑色素合成障碍，皮肤、头发、眉毛呈白色或黄白色；虹膜和瞳孔呈现淡粉色或淡灰色，畏光，视物眯眼。目前对白化病的治疗只能对症，无法根治，禁止近亲结婚是重要的预防措施。

（3）生成甲状腺激素　酪氨酸还可碘化生成甲状腺激素（T_3、T_4）。

（4）分解代谢　酪氨酸脱氨生成对羟基苯丙酮酸，继而氧化为尿黑酸，后者经尿黑酸氧化酶催化裂解为延胡索酸和乙酰乙酸，可彻底氧化供能，也能转变为糖或脂肪。故苯丙氨酸和酪氨酸皆为生糖兼生酮氨基酸。

酪氨酸 $\xrightarrow{\text{酪氨酸转氨酶}}$ 对羟基苯丙酮酸 ⟶ 尿黑酸 ⟶ 延胡索酸 + 乙酰乙酸

若体内先天性缺乏尿黑酸氧化酶，尿黑酸不能进一步分解而在体内堆积，过多的尿黑酸由尿排出，在空气中氧化为黑色，称为尿黑酸尿症。

苯丙氨酸和酪氨酸的代谢途径总结如图 9-11 所示。

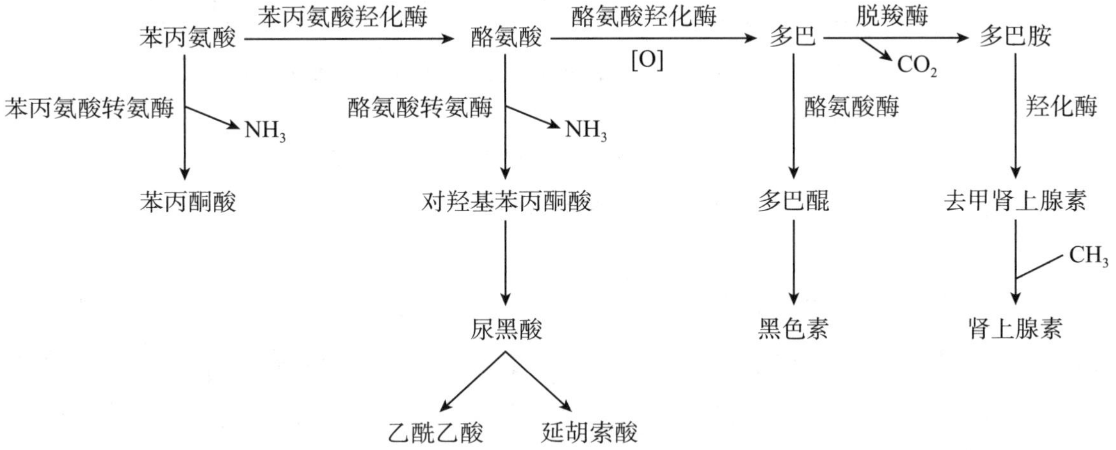

图 9-11　苯丙氨酸和酪氨酸的代谢过程

（二）色氨酸的代谢

色氨酸除可转变为 5- 羟色胺和一碳单位外，还可分解产生丙酮酸和乙酰 CoA，为生糖兼生酮氨基酸。此外，色氨酸还可转变为维生素 PP，但合成量甚少，不能满足机体需要。

第 4 节　核苷酸的代谢

食物中的核酸多以核蛋白的形式存在，受胃酸作用分解为核酸和蛋白质。核酸主要在小肠中被消化，在各种水解酶的作用下，最终分解为碱基、戊糖和磷酸。这些消化产物在小肠上部被吸收，经门静脉入肝。吸收入体内的磷酸和戊糖可用来再合成核酸，而碱基大部分被分解排出体外。食物中的核苷酸很少被机体直接吸收利用，人体所需的核苷酸主要由机体自身合成，因此，核苷酸不属于人体必需营养物质。

一、核苷酸的合成代谢

体内核苷酸的合成存在从头合成和补救合成两种途径，一般情况下，前者是合成的主要途径。

（一）嘌呤核苷酸的合成代谢

1. 从头合成途径　机体以 5- 磷酸核糖、甘氨酸、天冬氨酸、谷氨酰胺、一碳单位及 CO_2 等简单物质为原料合成嘌呤核苷酸的过程，称为嘌呤核苷酸的从头合成（图 9-12）。合成的主要器官是肝脏，在细胞质中进行。

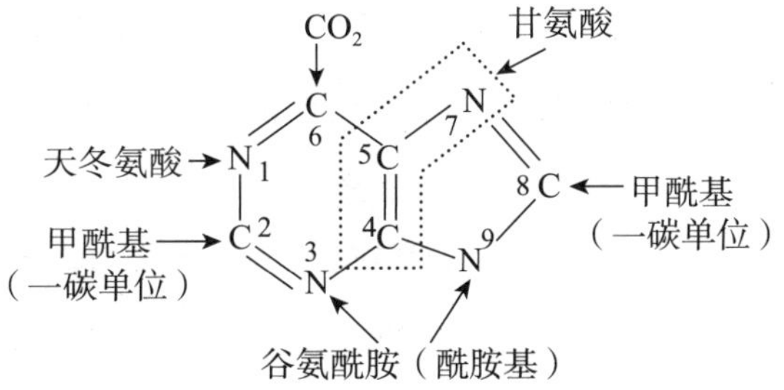

图 9-12　嘌呤环上各原子的来源

首先在5-磷酸核糖基础上生成5-磷酸核糖-1-焦磷酸（PRPP），然后经过一系列酶促反应，生成次黄嘌呤核苷酸（IMP），再由IMP分别转变为腺嘌呤核苷酸（AMP）和鸟嘌呤核苷酸（GMP）（图9-13）。嘌呤核苷酸从头合成的重要特点是在磷酸核糖分子上逐步合成嘌呤环。

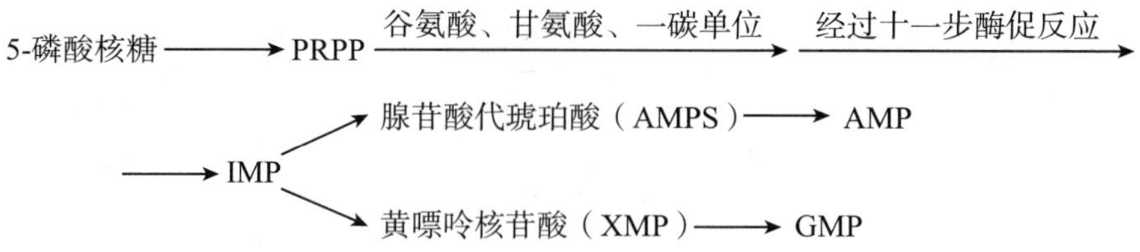

图9-13 嘌呤核苷酸的合成

嘌呤核苷酸分子中的C_2、C_8来自一碳单位，它们由四氢叶酸携带。抗癌药物如甲氨蝶呤（MTX）可干扰一碳单位代谢，抑制嘌呤核苷酸的合成；6-巯基嘌呤（6-MP）可抑制IMP转变为AMP与GMP。由于它们可干扰核酸及蛋白质的合成，故有抗肿瘤作用。

2. 补救合成途径　细胞利用嘌呤碱或嘌呤核苷合成嘌呤核苷酸的过程，称为嘌呤核苷酸的补救合成途径。脑、骨髓、红细胞等由于缺乏从头合成嘌呤核苷酸的酶系，只能进行补救合成。

$$\text{腺嘌呤} + \text{PRPP} \xrightarrow{\text{腺嘌呤磷酸核糖转移酶}} \text{AMP} + \text{PPi}$$

$$\text{鸟嘌呤} + \text{PRPP} \xrightarrow{\text{次黄嘌呤鸟嘌呤磷酸核糖转移酶}} \text{GMP} + \text{PPi}$$

$$\text{次黄嘌呤} + \text{PRPP} \xrightarrow{\text{次黄嘌呤鸟嘌呤磷酸核糖转移酶}} \text{IMP} + \text{PPi}$$

由于基因缺陷，儿童体内与补救合成有关的酶（如次黄嘌呤鸟嘌呤磷酸核糖转移酶，HGPRT）完全缺失，可引起自毁容貌症，患儿智力发育障碍，共济不佳，并有咬自己口唇、手指、足趾等自毁容貌的表现。

（二）嘧啶核苷酸的合成

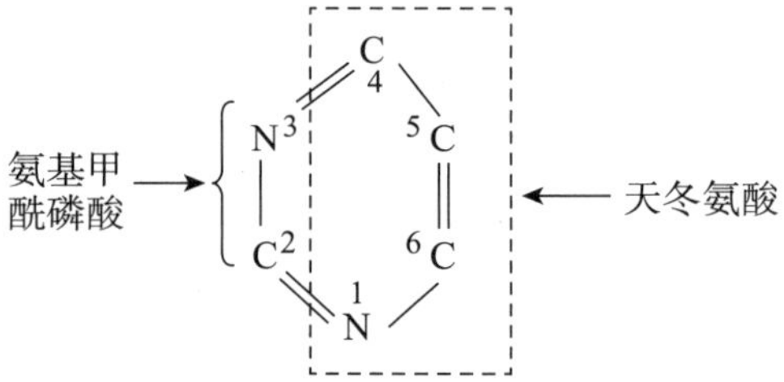

图9-14 嘧啶环上各原子的来源

1. 嘧啶核苷酸的从头合成　机体利用谷氨酰胺、CO_2、天冬氨酸和5-磷酸核糖等小分子物质合成嘧啶核苷酸的过程，称为嘧啶核苷酸的从头合成（图9-14）。

此过程主要在肝进行。首先由谷氨酰胺与CO_2生成氨基甲酰磷酸，再与天冬氨酸、PRPP进行一系列反应生成尿嘧啶核苷酸（UMP）。UMP在激酶催化下经过一系列反应生成三磷酸尿苷（UTP），UTP可氨基化生成三磷酸胞苷（CTP）（图9-15）。

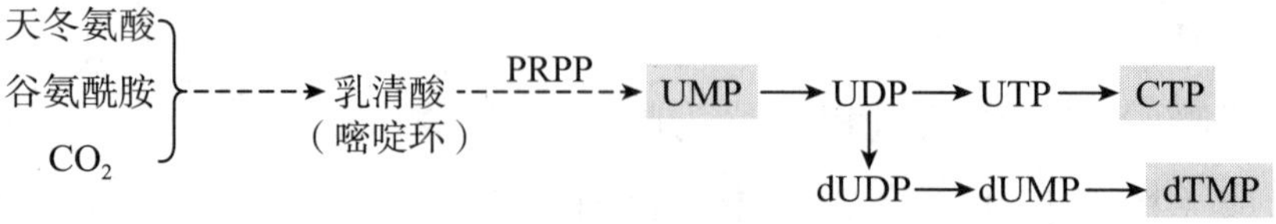

图9-15 嘧啶核苷酸的合成

2. 嘧啶核苷酸的补救合成　嘧啶核苷酸的补救合成可以利用乳清酸（含嘧啶环）和尿嘧啶与 PRPP 反应生成嘧啶核苷酸（胞嘧啶除外），也可以利用嘧啶碱基与 1- 磷酸核糖形成嘧啶核苷，然后再转变成对应的嘧啶核苷酸（图 9-16）。

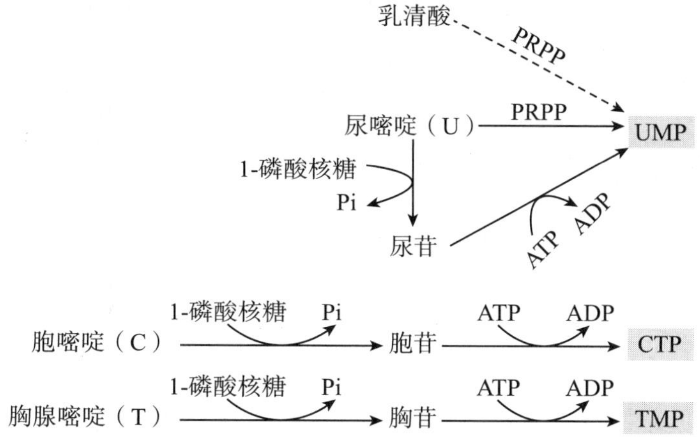

图 9-16　嘧啶核苷酸的补救合成

（三）脱氧核苷酸的合成

脱氧核苷酸由相应的核糖核苷酸还原生成。还原反应在二磷酸核苷水平上进行，由核糖核苷酸还原酶催化，生成的脱氧二磷酸核苷再经激酶催化，生成脱氧三磷酸核苷（图 9-17）。

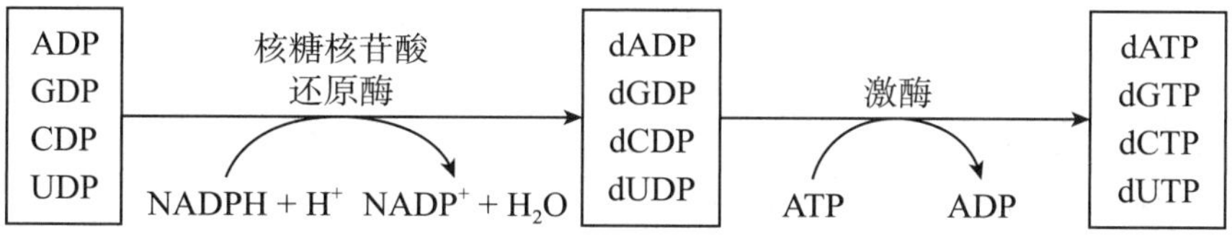

图 9-17　脱氧核苷酸的生成过程

抗肿瘤药物羟基脲是核糖核苷酸还原酶的抑制剂，可干扰脱氧核苷酸的合成。

脱氧胸苷酸（dTMP）的合成特殊，是由脱氧尿苷酸（dUMP）甲基化生成的。dUMP 可由 dUDP 水解或 dCMP 脱氨基生成。

细菌、病毒、肿瘤细胞在生长繁殖时，都需要大量合成核酸和蛋白质。在临床上常用的抗代谢物如 6- 巯基嘌呤（6-MP）、氟尿嘧啶（5-FU）、甲氨蝶呤（MTX）、氮杂丝氨酸等，分别与核苷酸合成代谢过程中的原料或中间产物次黄嘌呤、尿嘧啶、叶酸、谷氨酰胺结构相似，可对相应的酶发挥竞争性抑制作用，从而干扰核苷酸的合成，以达到抑制病菌和控制肿瘤的目的。

二、核苷酸的分解代谢

案例 9-2

患者，男，48 岁。既往有骨关节痛，前一晚酗酒及过度劳累，今晨发现肋部剧痛，入院时检查尿液 pH4.6，尿蛋白阳性。尿离心沉渣显微镜检查发现一些细微的结晶物质，血清尿酸 0.56mmol/L。

问题： 1. 该患者所患何病？发病机制是什么？

2. 临床上常用什么药物治疗，生化机制是什么？

（一）嘌呤核苷酸的分解代谢

嘌呤核苷酸的分解代谢主要在肝、小肠及肾中进行。嘌呤核苷酸在酶的催化下，生成嘌呤碱及 1- 磷酸核糖。后者转变为 5- 磷酸核糖（核糖 -5- 磷酸），参与合成新的核苷酸或经磷酸戊糖途径氧化分解。嘌呤碱分解代谢的终产物是尿酸，随尿排出体外。

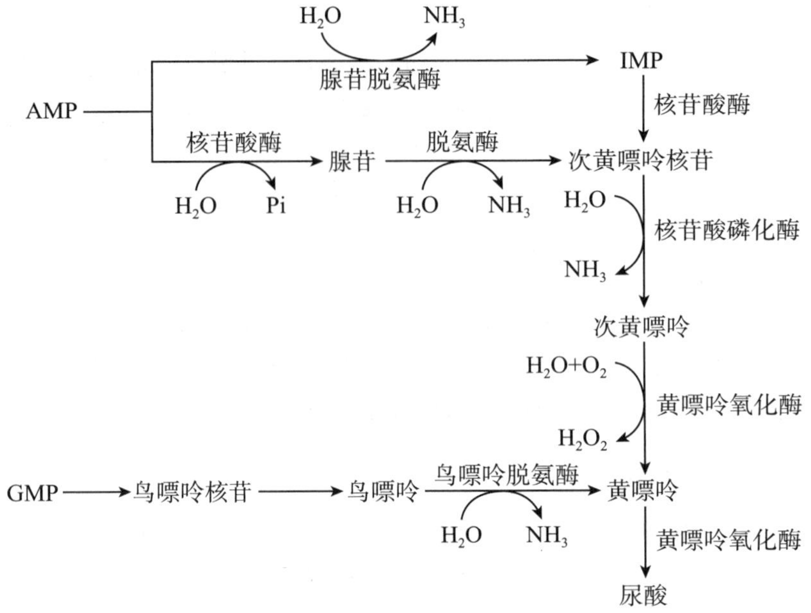

图 9-18 嘌呤核苷酸的分解

正常人血液中尿酸含量为 0.12 ～ 0.36mmol/L。痛风患者血中尿酸含量升高，当超过 0.48mmol/L 时，尿酸盐晶体即可沉积于关节、软组织、软骨及肾等处，导致关节炎、尿路结石及肾疾病。

临床上常用别嘌醇治疗痛风。黄嘌呤氧化酶是嘌呤分解代谢过程中重要的酶，它可催化嘌呤分解代谢的中间产物次黄嘌呤氧化生成黄嘌呤，再催化黄嘌呤氧化生成尿酸。别嘌醇与次黄嘌呤结构相似，是黄嘌呤氧化酶的竞争性抑制剂，抑制尿酸的生成（图 9-19）。患者日常饮食中应避免高嘌呤食物（如豆类、啤酒、海鲜等）的摄入，使尿酸的生成减少，减轻并抑制痛风症状。

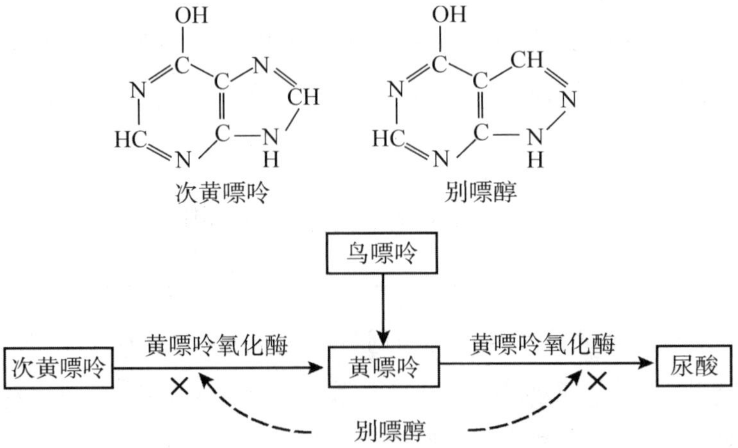

图 9-19 别嘌醇治疗痛风的机制

（二）嘧啶核苷酸的分解代谢

嘧啶核苷酸的分解主要在肝内进行。胞嘧啶、尿嘧啶降解的终产物是 NH_3、CO_2 及 β-丙氨酸；胸腺嘧啶降解的终产物是 NH_3、CO_2 及 β- 氨基异丁酸。β- 氨基异丁酸可直接随尿排出或进一步分解。食入含 DNA 丰富的食物、经放射线或化学治疗的恶性肿瘤患者，尿中 β-氨基异丁酸排出增多，故检测尿中 β- 氨基异丁酸的含量可作为临床治疗的一项检测指标。

胞嘧啶 ⟶ 尿嘧啶 ⟶ β- 丙氨酸 + NH_3 + CO_2

胸腺嘧啶 ⟶ β- 氨基异丁酸 + CO_2 + NH_3

第 5 节　糖、脂类、蛋白质、核酸的代谢联系

机体内的新陈代谢是一个完整统一的过程，同一细胞内各代谢过程均有规律地进行，它们之间既相互联系，又彼此制约。糖、脂类、蛋白质在代谢过程中的密切联系是通过它们之间的共同中间代谢产物相互沟通的，如丙酮酸、乙酰 CoA、草酰乙酸及 α- 酮戊二酸等。体内糖、脂类、氨基酸和核酸在代谢上的相互联系如图 9-20 所示。

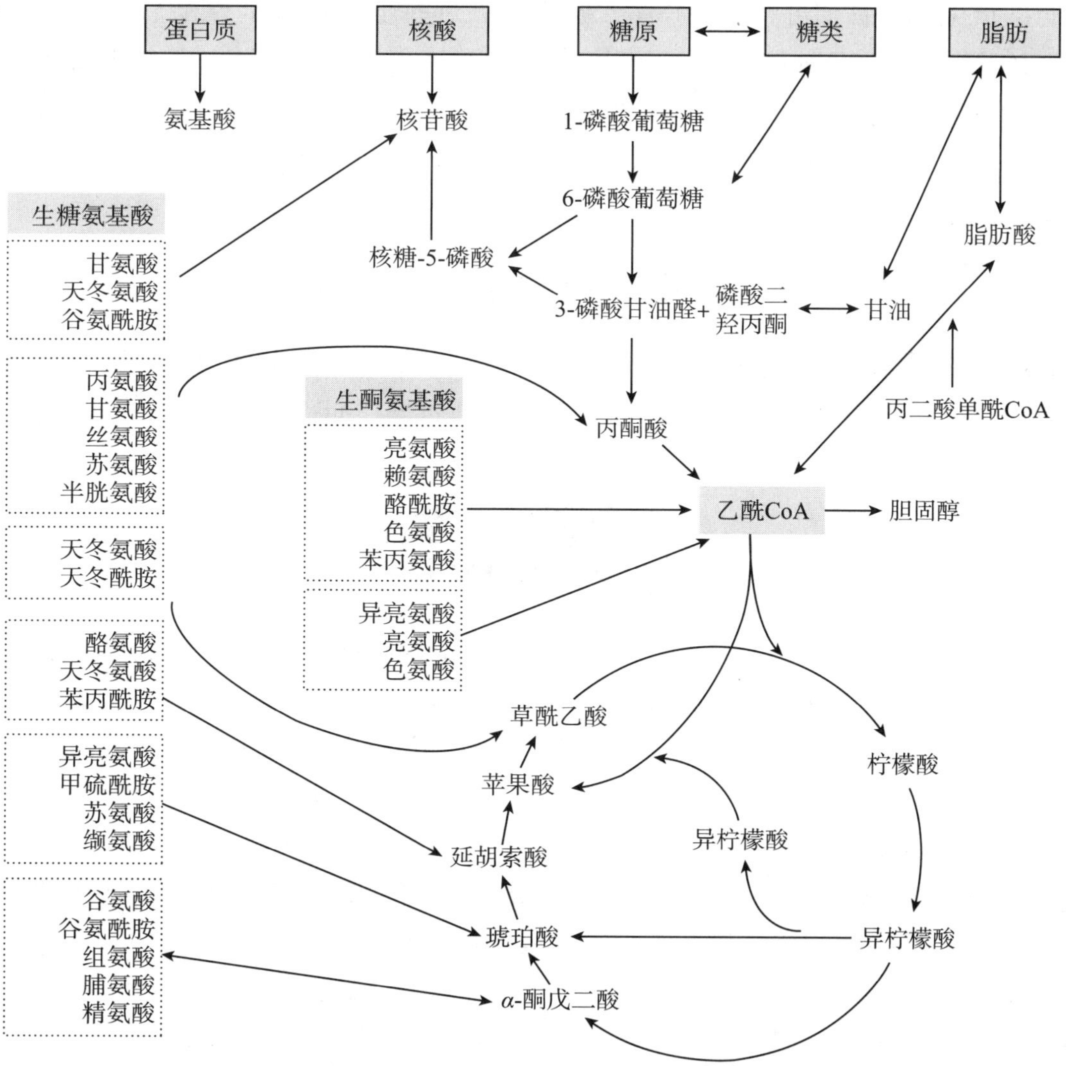

图 9-20　体内糖、脂类、氨基酸、核酸在代谢上的相互联系

一、糖与脂类代谢间的关系

糖在体内可转变为脂类物质。糖酵解的中间产物磷酸二羟丙酮加氢还原生成的 *α*- 磷酸甘油是合成脂肪的直接原料；糖的有氧氧化生成的乙酰 CoA 是合成脂肪酸和胆固醇的原料。因此进食过多的糖而运动又少的人容易发胖。

脂肪分解生成的甘油可经糖异生途径生成糖；但脂肪酸氧化生成的乙酰 CoA 不能逆转为丙酮酸，因此不能异生为糖。所以，脂肪绝大部分不能在体内转变为糖。

二、糖与氨基酸代谢间的关系

糖在体内可转变为某些非必需氨基酸，如糖分解代谢的中间产物丙酮酸、*α*- 酮戊二酸、草酰乙酸经氨基化反应后分别生成丙氨酸、天冬氨酸和谷氨酸等。

构成蛋白质的 20 种氨基酸，除生酮氨基酸（亮氨酸、赖氨酸）外，都可通过脱氨基作用生成相应的 *α*- 酮酸，然后经糖异生途径转变为糖。

三、脂类与氨基酸代谢间的关系

脂肪动员生成的甘油可转变为磷酸二羟丙酮，进一步转变为 *α*- 酮酸后，可经氨基化作用合成非必需氨基酸。生糖氨基酸与生酮氨基酸在代谢过程中都能转变为乙酰 CoA，进而合成脂肪酸再合成脂肪；生糖氨基酸可合成甘油，所以氨基酸可以转变为脂肪。此外，氨基酸转变成的乙酰 CoA 也是合成胆固醇的原料；丝氨酸还可转变成胆胺和胆碱，用于磷脂的合成，因此，氨基酸也可以转变为类脂。

四、核苷酸与糖代谢的关系

核苷酸在核苷酸酶的催化下，生成核苷和磷酸，核苷进一步分解变成含氮碱和戊糖，戊糖可以转变为 3- 磷酸甘油醛（甘油醛 -3- 磷酸），通过糖代谢途径，进一步代谢分解。

自 测 题

一、选择题

1. 我国营养学会推荐成人每日蛋白质需要量为（　　）

A. 50g　B. 60g　C. 70g
D. 80g　E. 100g

2. 以下属于必需氨基酸的是（　　）

A. 谷氨酸　B. 赖氨酸　C. 精氨酸
D. 组氨酸　E. 丝氨酸

3. 代谢库中氨基酸的主要去路为（　　）

A. 合成组织蛋白　B. 合成糖原
C. 合成脂肪　D. 脱氨基作用
E. 脱羧基作用

4. 能直接进行氧化脱氨基作用的氨基酸是（　　）

A. 谷氨酸　B. 赖氨酸　C. 精氨酸
D. 组氨酸　E. 丝氨酸

5. 在骨骼肌和心肌组织中，氨基酸的脱氨基作用方式是（　　）

A. 氧化脱氨基
B. 转氨基
C. 氧化脱氨基与转氨基联合

D. 嘌呤核苷酸循环

E. 以上都不是

6. 急性肝炎患者的血清中活性显著升高的氨基转移酶是（　　）

A. ALT　B. AST　C. ATP

D. ALP　E. γ-GT

7. 体内氨的主要来源是（　　）

A. 消化道吸收　B. 肾小管分泌

C. 氨基酸分解　D. 谷氨酰胺分解

E. 肝脏产生

8. 体内氨运输和储存的主要形式是（　　）

A. 谷氨酸　B. 谷氨酰胺

C. 尿素　D. 天冬氨酸

E. 精氨酸

9. 血氨升高的主要原因是（　　）

A. 蛋白质摄入过多　B. 肝功能障碍

C. 肾功能障碍　D. 肠道吸收氨增多

E. 谷氨酰胺合成减少

10. 参与氨基转移酶和脱羧酶辅酶构成的维生素是（　　）

A. 维生素 B_1　B. 维生素 B_2

C. 维生素 B_6　D. 维生素 B_{12}

E. 维生素 PP

11. 一碳单位不能游离存在，它的载体是（　　）

A. 叶酸　B. 四氢叶酸

C. 维生素 B_{12}　D. *S*- 腺苷甲硫氨酸

E. 生物素

12. 下列哪种物质不属于一碳单位（　　）

A. —CH_3　B. —CH═

C. —CHO　D. —CH═NH

E. CO_2

13. 缺乏下列哪种维生素可引起巨幼细胞贫血（　　）

A. 维生素 B_1　B. 维生素 B_2

C. 维生素 B_6　D. 维生素 B_{12}

E. 生物素

14. 下列哪种物质不属于儿茶酚胺类物质（　　）

A. 多巴胺　B. 去甲肾上腺素

C. 肾上腺素　D. 黑色素

E. 以上都是

15. 下列哪种物质不是酪氨酸的代谢衍生物（　　）

A. 黑色素　B. 甲状腺素

C. 胰岛素　D. 多巴胺

E. 肾上腺素

16. 下列叙述错误的是（　　）

A. 苯丙氨酸羟化酶缺乏会引起苯丙酮尿症

B. 5-HT 可作为抑制性神经递质

C. 组胺具有升高血压的作用

D. 酪氨酸酶缺乏会引起白化病

E. 肝功能严重损伤时，鸟氨酸循环受阻，可导致高氨血症

17. 人体内嘌呤核苷酸分解代谢的终产物是（　　）

A. 尿素　B. 尿酸　C. 肌酐

D. 胺　E. NH_3

18. 体内只进行嘌呤核苷酸补救合成途径的组织器官是（　　）

A. 肝　B. 脑和骨髓

C. 骨骼肌　D. 小肠黏膜

E. 胸腺

二、填空题

1. 儿童体内通常发生________平衡，即摄入氮＞排出氮，表明体内蛋白质的合成________分解。

2. 体内氨基酸脱氨基作用的方式有________、________和________作用三种，其中以________最为重要。

3. 氨代谢的主要去路是在________内通过________途径合成无毒的________，由肾排出。

4. 体内先天性苯丙氨酸羟化酶缺乏引起________，先天性酪氨酸酶缺乏引起________，先天性尿黑酸氧化酶缺乏引起________。

5. 体内核苷酸的合成有两条途径，分别是________途径和________途径，其中________途径是体内核苷酸合成的主要途径。

（吕　聪）

第10章 肝脏生物化学

第1节 肝脏在物质代谢中的作用

案例 10-1

患者，男，50岁，腹胀、下肢水肿2个月，加重1周入院。5年前曾患肝炎。体检：颈部见散在分布的蜘蛛痣，腹水（+），肝肋下2cm，质地硬，双下肢水肿。实验室检查：空腹血糖低于正常，ALT升高，血浆清蛋白23g/L，清蛋白/球蛋白（A/G）＜1，拟诊断肝硬化伴腹水。

问题： 1. 患者出现空腹血糖下降的原因是什么？

2. 引起患者腹水与下肢水肿的原因是什么？

3. 患者为什么会出现蜘蛛痣？

肝脏是人体最大的实质性器官，也是人体最大的腺体。正常成人肝组织约重1500g，约占体重的2.5%。肝脏不仅参与糖类、脂类、蛋白质、维生素和激素等重要物质的代谢过程，同时也在物质的消化、吸收和排泄等方面发挥重要作用，因此人们把肝脏比喻为人体的物质代谢的中枢或综合性化工厂。

肝脏之所以具有诸多复杂的生物化学功能，与其组织结构和化学组成特点密切相关：①肝具有双重血液供应，即肝动脉和门静脉。肝脏既可以通过肝动脉获得充足的氧，又可以从门静脉获得自消化道吸收的营养物质。②肝具有两条输出通道，即肝静脉与胆道系统。肝静脉与体循环相联系，可将肝脏的部分代谢产物输送到肾脏由尿排出体外；胆道系统与肠道相通，可将肝脏分泌的胆汁和一些代谢废物排入肠道，随粪便排出体外。③肝具有丰富的血窦。肝细胞与血液的接触面积大，通透性大，同时血流速度缓慢，能使肝细胞与血液充分进行物质交换。④肝细胞含有丰富的亚细胞结构和丰富的酶系。肝脏含有丰富的线粒体、内质网、高尔基体（高尔基复合体）和溶酶体等，为物质代谢提供了场所；肝内的酶有数百种以上，参与体内的物质代谢，而且有些酶是其他组织所没有或含量极少的，如合成酮体的酶系和合成尿素的酶系。这些特点决定了肝内的物质代谢非常活跃，多种物质的代谢都在肝脏进行。

（一）肝脏在糖代谢中的作用

肝是调节血糖浓度的主要器官，通过肝糖原的合成、分解与糖异生作用来维持机体在不同状态下血糖浓度的相对恒定，以保证全身各组织的能量供应。饱食后，血糖浓度增高，大量的葡萄糖在肝内合成糖原而储存，其储存量可达肝重的5%～6%（75～100g），从而使血糖浓度不致过高；相反，在空腹状态下，肝含有葡萄糖-6-磷酸酶，能直接分解肝糖原补充血糖。在长期饥饿状态下，肝糖原几乎被耗尽，非糖物质如甘油、乳酸、丙氨酸等在肝内经糖异生途径转化为葡萄糖释放入血，以维持血糖浓度相对恒定。另外，肝细胞磷酸戊糖途径也很活跃，可为体内生物转化提供足够的 NADPH。

因此，严重肝病时，肝糖原的合成、分解及糖异生作用降低，难以维持血糖的正常浓度，易出现空腹血糖降低及饱食后血糖浓度过高。

考点 肝脏在糖代谢中的作用

（二）肝脏在脂类代谢中的作用

肝在脂类的消化、吸收、分解、合成及运输等代谢过程中均具有重要作用。

1. 分泌胆汁　肝能分泌胆汁，其中的胆汁酸盐能乳化脂类，促进脂类的消化和吸收。临床上，肝损伤时，肝分泌胆汁的能力下降，或胆道阻塞时，胆汁排出障碍，这些疾病均可出现脂类物质的消化吸收不良，产生厌油腻及脂肪泻等症状。

2. 合成酮体　肝中脂肪分解代谢的特点是脂肪酸氧化不完全，生成乙酰乙酸、β- 羟丁酸及丙酮，统称为酮体。肝是体内酮体合成的唯一场所，生成的酮体不能在肝内氧化利用，而是经血液运输到脑、心、肾、骨骼肌等肝外组织氧化利用，作为这些组织在饥饿状态下的能量来源。

3. 合成脂蛋白、磷脂　磷脂是脂蛋白的主要组成成分，肝合成的极低密度脂蛋白（VLDL），可以把肝内合成的三酰甘油运输到脂肪组织内储存或运输至其他组织内利用；肝合成的高密度脂蛋白（HDL），能促进胆固醇的代谢。当肝功能受损时，磷脂合成障碍，VLDL 合成减少，不能把肝内脂肪转运出去，使肝内脂肪堆积，引起脂肪肝。

4. 合成胆固醇　肝是人体合成胆固醇最旺盛的器官，合成的胆固醇占全身合成胆固醇总量的 80% 以上，是血浆胆固醇的主要来源。肝还能合成并分泌卵磷脂 - 胆固醇酰基转移酶（LCAT）等，促使血浆中胆固醇酯化，有利于运输。

链　接

脂　肪　肝

脂肪肝是指各种原因引起肝细胞内脂肪堆积过多，多为肝细胞内脂肪变性引起。正常人肝组织中有少量的脂肪，如三酰甘油、胆固醇等，其占肝脏的比例很低。肝脏的脂肪含量超过肝重量（湿重）的 10%，或组织学上超过 50% 的肝实质出现脂肪化的现象称为脂肪肝。严重者脂肪含量可以高至 40% ～ 50%。主要是脂肪酸和三酰甘油量增加，胆固醇、胆固醇脂及磷脂等增加较少。一般轻者无特殊临床表现，重者可表现出肝区隐痛、乏力等症状。通过上腹部彩超检查，多可明确诊断。轻度脂肪肝患者通过饮食调节，适度运动，一般可恢复健康。

（三）肝脏在蛋白质代谢中的作用

肝是合成和分泌血浆蛋白的主要器官。除 γ- 球蛋白外，几乎所有的血浆蛋白质均来自肝，包括全部的清蛋白、部分球蛋白、凝血因子、纤维蛋白原、多种结合蛋白质和某些激素及激素的前体等。通过这些蛋白质的作用，肝在维持血浆胶体渗透压、凝血作用、血压恒定和物质代谢等方面起着重要作用。当肝功能严重受损时，肝合成蛋白质的能力下降，就会出现营养不良、水肿等疾病。

同时肝是合成尿素、解除氨毒的重要器官。当肝衰竭时，尿素合成障碍，血氨升高，氨进入脑组织，影响脑组织的正常代谢而诱发肝性脑病。此外肝还可以转化肠道细菌腐败作用产生的胺类有毒物质，减少其毒性。

（四）肝脏在维生素代谢中的作用

肝是维生素 A、维生素 K、维生素 B_1、维生素 B_2、维生素 B_6、维生素 B_{12}、泛酸和叶酸含量最多的器官，肝储存的维生素 A 占体内总量的 95%。肝合成和分泌的胆汁酸盐能协助脂溶性维生素 A、维生素 D、维生素 E、维生素 K 的吸收。同时肝还参与多种维生素的代谢转化。例如，将维生素 D_3 羟化为 25- 羟维生素 D_3，以及将维生素 PP 转变为辅酶和辅基等。

（五）肝脏在激素代谢中的作用

肝是激素灭活的主要器官。许多激素在发挥其调节作用后，主要在肝内被分解转化、降低或失去其生物活性，此过程称为激素的灭活。灭活过程对于激素作用的时间及强度具有调控作用，灭活后的产物大部分随尿排出。一些类固醇激素（如雌激素、醛固酮等）可在肝内与葡糖醛酸或活性硫酸等结合，失去活性。严重肝病时，激素的灭活作用降低，血中相应的激素水平升高，出现某些临床体征，如体内的雌激素、醛固酮、抗利尿激素等水平升高，可出现男性乳房女性化、蜘蛛痣、肝掌及水钠潴留等现象。

第 2 节　肝脏的生物转化作用

一、生物转化

机体内存在一些既不能构成组织细胞的结构成分，又不能氧化供能的物质，它们被统称为非营养物质。

非营养物质的来源有：①内源性：系物质代谢产物，如氨、胺、胆红素等，以及有待灭活的激素、神经递质等；②外源性：系外界进入人体内部的各种物质，如药物、毒物、有机农药、色素、食品添加剂及环境污染物等。

机体将进入体内的非营养物质进行代谢转变，增强其极性或水溶性，使其易随胆汁或尿液排出体外，这一过程称为生物转化。肝是机体内生物转化最重要的器官，另外肺、肠、肾、皮肤等组织也有一定的生物转化功能。

非营养物质都具有脂溶性，有些非营养物质还有一定的生物学效应和潜在的毒性，长期蓄积对人体有害。生物转化作用的意义是一方面使大部分非营养物质的生物学活性降低或丧失，达到解毒的作用；另一方面使非营养物质的水溶性和极性增强，易于随尿液或胆汁排出，对机体有重要的保护作用。

考点 生物转化的概念、意义

二、生物转化的反应类型

肝脏内生物转化反应可分为氧化、还原、水解与结合四种反应类型。其中，氧化反应、还原反应、水解反应称第一相反应，结合反应称第二相反应。有些非营养物质经第一相反应后即可大量排出体外，但许多非营养物质经第一相反应后，其水溶性仍然不高，还须经过第二相反应，才可大量排出体外。

（一）氧化反应

肝细胞的线粒体含有胺氧化酶，能催化胺发生氧化反应；微粒体中含有加单氧酶系，能催化多环芳烃发生氧化反应；细胞质中含有醇脱氢酶和醛脱氢酶，能催化醇及醛进行脱氢，氧化生成相应的醛或酸类。

$$\text{胺} + O_2 + H_2O \longrightarrow \text{醛} + NH_3 + H_2O_2$$

$$\text{多环芳烃} + NADPH + H^+ + O_2 \longrightarrow \text{多环芳烃氧化物} + NADP^+ + H_2O$$

$$\text{醇} \xrightarrow{\text{醇脱氢酶}} \text{醛} \xrightarrow{\text{醛脱氢酶}} \text{酸}$$

（二）还原反应

肝细胞微粒体中含有还原酶系，主要是硝基还原酶和偶氮还原酶类，反应时需要 NADPH 提供氢，产物是胺类。

$$\text{氯霉素} \xrightarrow[NADPH+H^+ \qquad H_2O]{\text{硝基还原酶}} \text{氨基氯霉素}$$

（三）水解反应

肝细胞含各种水解酶，如酯酶、酰胺酶及糖苷酶等，可水解各种酯键、酰胺键及糖苷键。人肝脏中的水解酶类可催化乙酰苯胺、普鲁卡因、利多卡因及简单脂肪族酯类水解。如：

$$\text{乙酰水杨酸} \xrightarrow{\text{水解}} \text{水杨酸} + \text{乙酸}$$

（四）结合反应

结合反应是体内最重要的生物转化方式。结合反应主要与葡糖醛酸、硫酸、谷胱甘肽、甘氨酸等物质发生反应，从而增强水溶性或改变其生物活性，以利于灭活或排出。其中以葡糖醛酸的结合反应最为重要和普遍。

1. 葡糖醛酸结合反应　肝细胞微粒体中含有葡糖醛酸基转移酶，该酶以尿苷二磷酸葡糖醛酸（UDPGA）为供体，催化葡糖醛酸基转移到多种含极性基团的化合物上，生成葡糖醛酸苷。例如：

$$\text{酚} + UDPGA \xrightarrow{\text{葡糖醛酸基转移酶}} \text{葡糖醛酸苷} + UDP$$

2. 硫酸结合反应　肝细胞中的硫酸转移酶能将硫酸活性供体为 3′- 磷酸腺苷 -5′- 磷酸硫酸（PAPS）中的硫酸根转移到类固醇、酚类羟基上，生成硫酸酯。如雌酮在肝内与硫酸结合而失活。

$$\text{雌酮} + PAPS \xrightarrow{\text{硫酸转移酶}} \text{雌酮硫酸酯} + PAP$$

3. 乙酰基反应　各种芳香胺的氨基与活化的乙酰基供体——乙酰 CoA，在乙酰基转移酶催化下，生成乙酰基化合物。例如：

$$\text{乙酰 CoA} + \text{胺} \xrightarrow{\text{乙酰基转移酶}} \text{乙酰基化合物} + CoA$$

4. 其他结合反应　除上述结合反应外，还有甲基结合反应、谷胱甘肽结合反应、甘氨酸结合反应等。

生物转化作用非常复杂，许多有毒物质进入人体后迅速集中在肝脏进行解毒，如果毒物量过多，也容易使肝脏本身中毒。因此对肝病患者，要限制服用主要在肝内解毒的药物，以免药物过量导致中毒。

考点 生物转化的主要类型

三、生物转化的特点

1. 生物转化的多样性　即一种物质在体内可进行多种生物转化反应，生成不同的代谢产物。例如，非那西丁的代谢途径主要是先氧化成对乙酰氨基酚，再与尿苷二磷酸葡糖醛酸等结合生成相应的结合产物而排出；也可经羟化等反应生成与肝蛋白共价结合产物，引起肝细胞坏死。

2. 生物转化的连续性　有些非营养物质只经过一步反应即可排出，但大多数非营养物质要经过连续几步反应才能彻底排出体外。一般先进行氧化、还原、水解反应，再进行结合反应。例如，乙酰水杨酸经水解生成水杨酸，除少量排出外，大多数再经过结合反应，生成多种结合产物而排泄。

3. 解毒与致毒的双重性　大多数物质经过生物转化后活性降低，毒性减弱或消失。所以生物转化是一种生理解毒作用，对机体是一种保护。例如，肾上腺素和去甲肾上腺素经过生物转化而失活。但有少数物质经过生物转化后活性升高，出现毒性或毒性增加。例如，黄曲霉毒素 B_1 在体外并不能直接与核酸等生物高分子相结合，但经肝细胞微粒体混合功能氧化酶的催化生成环氧化黄曲霉毒素 B_1，后者可与核酸分子中鸟嘌呤第 7 位 N 结合而致癌。

考点 生物转化的特点

四、生物转化的影响因素

生物转化作用存在着个体差异，常受年龄、性别、药物的诱导与抑制及肝脏疾病等诸多体内外因素影响。

1. 年龄　新生儿生物转化酶系发育不完善，对药物、毒物等的转化能力较弱，易发生药物和毒物中毒。老年人生物转化能力仍属正常，但老年人肝血流量及肾脏的廓清速率下降，导致血浆药物清除率降低，药物半衰期延长。因此，临床上对新生儿及老年人药物用量应较成人低，对某些药物须谨慎应用。

2. 性别　正常情况下，女性的生物转化能力比男性强，但妊娠期女性的生物转化能力普遍下降。

3. 药物的诱导与抑制　某些药物或毒物可诱导相关酶的合成，如长期服用苯巴比妥可诱导肝微粒体混合功能氧化酶合成，加速药物代谢过程，使之产生耐药性。临床上利用苯巴比妥可诱导肝微粒体 UDPGA 转移酶的合成，来加速游离胆红素变为结合胆红素，治疗新生儿高胆红素血症。另外有些药物是转化酶抑制剂，可抑制转化酶活性或减少转化酶合成，使这些药物的生物转化速度减慢，在血中浓度增高，易引起中毒反应，如异烟肼、氯霉素等。

4. 肝脏疾病　肝实质性病变时，微粒体中加单氧酶系和 UDP- 葡糖醛酸转移酶活性显著降低，加上肝血流量减少，患者对许多药物及毒物的摄取、转化发生障碍，易蓄积中毒，故肝病患者用药要特别慎重。

第 3 节　胆汁酸代谢

案例 10-2

患者，女，52 岁。厌油腻 2 周，今日餐后突感右上腹疼痛，并向后背、双肩部放射，巩膜、皮肤黄染，右上腹触痛。肝大，质地坚实。有乙型肝炎病史，B 超见胆囊内有 3 ～ 4 个强光团，最大为 0.5 ～ 0.7cm。临床诊断：胆结石。

问题： 1. 患者为什么会厌油腻？

2. 分析患者出现胆结石的原因。

一、胆　　汁

胆汁是肝细胞分泌的一种液体，储存于胆囊，经胆管系统排入十二指肠。正常人平均每天分泌胆汁 300 ～ 700ml。

1. 胆汁的分类　从肝细胞初分泌的胆汁称为肝胆汁，清澈透明，呈黄褐或金黄色。肝胆汁进入胆囊后，浓缩转变为棕绿色，称为胆囊胆汁。

2. 胆汁的成分　胆汁中有多种物质，既有促进脂类消化吸收的胆汁酸盐，又有体内某些代谢产物，如胆红素、胆固醇及经肝生物转化作用的非营养物质，所以胆汁既是分泌液又是排泄液。胆汁的主要特征性成分是胆汁酸盐。

二、胆汁酸的分类

正常人胆汁中的胆汁酸按结构分为两大类：一类为游离胆汁酸，包括胆酸、脱氧胆酸、鹅脱氧胆酸和少量的石胆酸；另一类是上述游离胆汁酸与甘氨酸或牛磺酸结合的产物，即结合胆汁酸，主要包括甘氨胆酸、甘氨鹅脱氧胆酸、牛磺胆酸及牛磺鹅脱氧胆酸等。结合胆汁酸水溶性较游离型大，pH 降低，更加稳定，在酸或 Ca^{2+} 存在时不易沉淀，便于顺利排入肠道发挥作用。

从来源上分类可分为初级胆汁酸和次级胆汁酸。肝细胞内以胆固醇为原料直接合成的胆汁酸称为初级游离胆汁酸，包括胆酸和鹅脱氧胆酸，它们与甘氨酸或牛磺酸结合成初级结合胆汁酸。次级胆汁酸，包括脱氧胆酸、石胆酸、脱氧胆酸与甘氨酸或牛磺酸结合产物。人胆汁中的胆汁酸以结合型为主，其中甘氨胆酸的量多于牛磺胆酸的量。胆汁中的初级胆汁酸与次级胆汁酸均以钠盐或钾盐的形式存在，即胆汁酸盐，简称胆盐（表 10-1）。

表 10-1 胆汁酸分类

按来源分类	按结构分类	
	游离胆汁酸	结合胆汁酸
初级胆汁酸	胆酸	甘氨胆酸、牛磺胆酸
	鹅脱氧胆酸	甘氨鹅脱氧胆酸、牛磺鹅脱氧胆酸
次级胆汁酸	脱氧胆酸	甘氨脱氧胆酸、牛磺脱氧胆酸
	石胆酸	—

三、胆汁酸的代谢与功能

（一）胆汁酸的生成

1. 初级胆汁酸的生成　在肝细胞微粒体和细胞质中，胆固醇在 7α- 羟化酶催化下转变为 7α- 羟胆固醇，再经氧化、还原、羟化、侧链氧化及断裂等多步酶促反应转变成初级游离胆汁酸，即胆酸和鹅脱氧胆酸。胆汁酸合成过程的限速酶是 7α- 羟化酶，受胆汁酸浓度的负反馈调节。胆酸和鹅脱氧胆酸分别与牛磺酸或甘氨酸结合形成初级结合胆汁酸，即甘氨胆酸、牛磺胆酸、甘氨鹅脱氧胆酸、牛磺鹅脱氧胆酸。这种结合作用使其极性增强，亲水性更大，有利于胆汁酸在肠腔内发挥其促进脂质消化吸收的作用。

2. 次级胆汁酸的生成　初级结合胆汁酸随胆汁排入肠道后，受细菌酶的作用，水解脱去甘氨酸或牛磺酸，生成初级游离胆汁酸，再在肠菌酶的作用下，发生 7α- 脱羟基反应后，使胆酸转变为 7- 脱氧胆酸，鹅脱氧胆酸转变为石胆酸。这种由初级胆汁酸在肠菌作用下形成的胆汁酸称为次级胆汁酸。

（二）胆汁酸的生理功能

1. 促进脂类的消化吸收　胆汁酸分子内既含有亲水基团，又含有疏水基团，使胆汁酸构型上具有亲水和疏水两个侧面，能降低油与水两相的表面张力，使胆汁酸成为较强的乳化剂，既有利于消化酶对脂类的消化，又有利于脂类物质的吸收。

2. 抑制胆汁中胆固醇析出沉淀　胆固醇难溶于水，在胆汁酸盐与卵磷脂的协同作用下，胆固醇可分散形成可溶性微团溶解。肝脏合成胆汁酸的能力下降，胆汁酸的肠肝循环减少，消化道胆汁酸丢失过多，排入胆汁中的胆固醇过多等情况，均可使胆汁酸、卵磷脂和胆固醇比值降低（$<10:1$），胆固醇易以结晶形式析出形成胆结石。

链 接

胆 结 石

胆结石又称胆石症，是指胆道系统包括胆囊或胆管内发生结石的疾病。结石在胆囊内形成后，可刺激胆囊黏膜，不仅可引起胆囊的慢性炎症，而且当结石嵌顿在胆囊颈部或胆囊管后，还可以引起继发感染，导致胆囊的急性炎症。结石对胆囊黏膜的慢性刺激，还可能导致胆囊癌的发生。

（三）胆汁酸的肠肝循环

排入肠道的胆汁酸约 95% 以上被重吸收，其余的随粪便排出，正常人每日有 0.4 ～ 0.6g 胆汁酸随粪便排出。这种由肠道重吸收的胆汁酸经门静脉重新回到肝脏，在肝细胞内，将游离胆汁酸重新合成为结合胆汁酸，并同新合成的结合胆汁酸一同再随胆汁排入肠道的过程称为胆汁酸的肠肝循环（图 10-1）。

胆汁酸肠肝循环的生理意义在于使有限的胆汁酸反复利用，保证脂类消化吸收的正常进行。人体每日需要 16 ～ 32g 胆汁酸乳化脂类，而正常人体的胆汁酸代谢池仅有 3 ～ 5g，供需矛盾十分突出。机体依靠每餐后进行的 2 ～ 4 次胆汁酸肠肝循环，使有限的胆汁酸池可以最大限度地发挥乳化作用，维持脂类食物消化吸收的正常进行。如果腹泻或回肠大部被切除，胆汁酸的肠肝循环被破坏，胆汁酸不能重复利用，不仅会影响到脂类物质的消化吸收，还会因为胆汁内胆固醇含量相对增高，处于饱和状态，极易形成胆固醇结石。

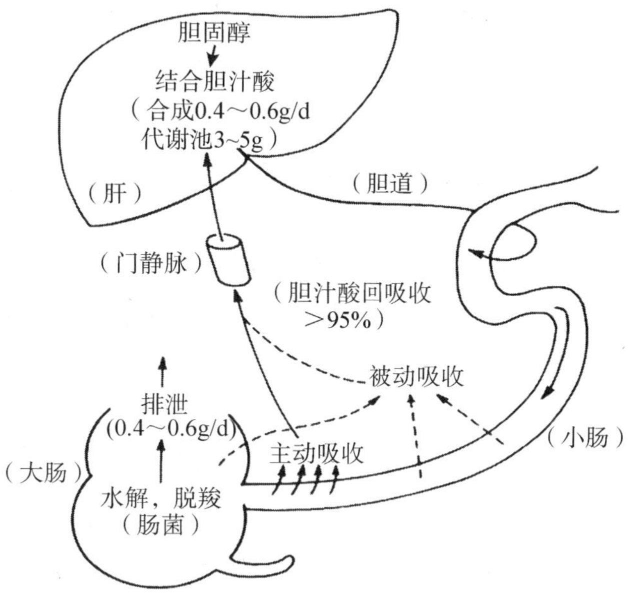

图 10-1　胆汁酸的肠肝循环

第 4 节　胆色素的代谢

案例 10-3

患者，女，51 岁。因腹痛、腹胀、发热 3 天就诊。体温 39℃，皮肤、巩膜明显黄染。实验室检查：血清总胆红素 759μmol/L，结合胆红素 764μmol/L，未结合胆红素 6.1μmol/L，大便呈灰白色，尿液颜色变浅，粪胆素原和尿胆素原均阴性，血常规检查白细胞计数升高，余无异常。初步诊断为胆总管阻塞，原因待查。

问题：1. 患者的皮肤、巩膜黄染的原因是什么？

2. 为什么大便呈灰白色、尿液颜色变浅、粪胆素原和尿胆素原均阴性？

肝脏在胆色素代谢中起着重要作用，胆色素是含铁卟啉化合物在体内分解代谢的产物，包括胆红素、胆绿素、胆素原和胆素等化合物，其中以胆红素为主，可随胆汁而排出体外。胆红素是胆汁中的主要色素，呈橙黄色，具有毒性，可引起脑组织不可逆的损害。胆色素代谢以胆红素代谢为中心。

一、胆红素的代谢

体内含卟啉化合物有血红蛋白、肌红蛋白、过氧化物酶、过氧化氢酶及细胞色素等。正常成人每天生成 250 ～ 350mg 胆红素，约 80% 的胆红素来源于衰老红细胞中血红蛋白的分解产生，其余来自造血过程中红细胞的过早破坏及非血红蛋白血红素的分解。

（一）胆红素的生成

正常红细胞的寿命为 120 天，衰老的红细胞在肝、脾、骨髓的单核吞噬细胞系统的作用下被破坏而释放出血红蛋白，随后血红蛋白分解为珠蛋白和血红素。血红素在加氧酶的催化下，释放出 CO、Fe^{3+} 并生成胆绿素。Fe^{3+} 可被重新利用，CO 可排出体外。胆绿素进一步在细胞质中胆绿素还原酶（辅酶为 NADPH）的催化下，迅速被还原为胆红素，即游离胆红素。胆红素呈现亲脂、疏水的特性，具有毒性（图 10-2）。

图 10-2　胆红素的生成

（二）胆红素在血液中的运输

游离胆红素自由透过细胞膜进入血液，在血液中主要与血浆清蛋白结合成胆红素 - 清蛋白复合物进行运输，称为血胆红素。这种结合增加了胆红素在血浆中的溶解度，便于运输；同时又限制了胆红素自由透过各种生物膜，使其不致对组织细胞产生毒性作用。血浆中的胆红素 - 清蛋白复合物未经过肝细胞的结合反应，称未结合胆红素。此种胆红素需要加入乙醇或尿素等破坏其氢键后才能与重氮试剂反应，故又称为间接胆红素。

正常人血浆胆红素浓度仅为 3.4 ～ 17.1μmol/L（0.1 ～ 1.0mg/dl），而正常人每 100ml 血浆的血浆清蛋白（白蛋白）能与 20 ～ 25mg 胆红素结合。所以正常情况下，血浆中的清蛋白足以结合全部胆红素。当血浆清蛋白含量降低或结合部位被其他物质所占据时（如磺胺类、脂肪酸、胆汁酸、水杨酸等可与胆红素竞争与清蛋白结合），影响胆红素与清蛋白结合，从而使胆红素游离出来。因此，在新生儿高胆红素血症时，用碳酸氢钠纠正酸中毒，就是防止过多的胆红素游离，减少胆红素脑病发生。

（三）胆红素在肝脏中的代谢

胆红素的代谢包括胆红素的摄取、转化和排出。

1. 肝细胞对胆红素的摄取　血中胆红素以胆红素 - 清蛋白复合物的形式输送到肝脏，肝细胞摄取血中胆红素的能力很强。由于肝细胞内存在两种载体蛋白（Y 蛋白和 Z 蛋白），这两种载体蛋白（以 Y 蛋白为主）能特异性结合包括胆红素在内的有机阴离子，所以肝脏能迅速从血浆中摄取胆红素。当血液中的胆红素入肝后，随即与细胞质中 Y 和 Z 蛋白结合，以这种形式送至内质网进行代谢，这是一个耗能且可逆的过程（图 10-3）。如果肝细胞处理胆红素能力下降，或者生成胆红素过多，超过肝细胞处理胆红素能力，则已进入肝细胞的胆红素还可反流入血，使血中胆红素水平增高。

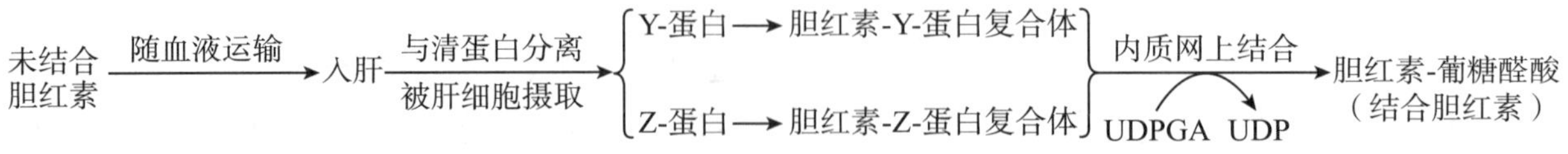

图 10-3　肝细胞对胆红素的摄取

2. 肝细胞对胆红素的转化作用　胆红素 - 清蛋白复合物进入内质网后，在胆红素 - 尿苷二磷酸葡糖醛酸转移酶的催化下，与葡糖醛酸以酯键结合，生成葡糖醛酸胆红素。由于胆红素分子中的两个羧基均可与葡糖醛酸 C1 位上的羟基结合，故可形成两种结合物，即胆红素葡糖醛酸一酯和胆红素葡糖醛酸二酯。

在人胆汁中的结合胆红素主要是胆红素葡糖醛酸二酯（占 70% ～ 80%），其次为胆红素葡糖醛酸一酯（占 20% ～ 30%），也有小部分与硫酸根、甲基、乙酰基、甘氨酸等结合。

这种在肝结合转化的胆红素称为结合胆红素，水溶性增强，与血浆清蛋白亲和力减小，故易从胆道排出，也易透过肾小球从尿排出。结合胆红素不易通过细胞膜和血脑屏障，因此，不易造成组织中毒。在肝结合转化的胆红素是胆红素解毒的重要方式。结合胆红素没有氢键，可以迅速、直接与重氮试剂反应，故又称为直接胆红素。两类胆红素的比较见表 10-2。

表 10-2　两类胆红素比较

项目	未结合胆红素	结合胆红素
别名	间接胆红素、血胆红素、游离胆红素	直接胆红素、肝胆红素、酯型胆红素
与葡糖醛酸结合	未结合	结合
与重氮试剂反应	间接反应	直接反应
溶解性	脂溶性	水溶性
经肾随尿排出	不能	能
透过细胞膜对脑的毒性作用	大	小

考点　两类胆红素的比较

3. 肝脏对胆红素的排泄作用　胆红素进入胆管系统随胆汁排入肠道。毛细胆管内结合胆红素的浓度远高于细胞内浓度，故胆红素由肝内排出是一个逆浓度梯度的耗能过程，也是肝处理胆红素的一个薄弱环节，容易受损。当发生缺血、缺氧或胆道阻塞时，排泄过程发生障碍，则结合胆红素可反流入血，使血中结合胆红素水平增高。

糖皮质激素不仅能诱导葡糖醛酸转移酶的生成，促进胆红素与葡糖醛酸结合，而且对结合胆红素的排出也有促进作用。因此，临床上可用此类激素治疗高胆红素血症。

（四）胆红素在肠道中的转变

结合胆红素随胆汁排入肠道后，在肠道细菌作用下，先脱去葡糖醛酸，形成游离的胆红素，游离的胆红素再逐步还原成为无色的胆素原族化合物，即胆素原、粪胆素原及尿胆素原。粪胆素原在肠道下段或随粪便排出后经空气氧化，被氧化生成的棕黄色的粪胆素，是正常粪便中的主要色素。正常人每日从粪便排出的胆素原有 40 ～ 280mg。当胆道完全梗阻时，因结合胆红素不能排入肠道，不能形成粪胆素原及粪胆素，粪便则呈灰白色，临床上称为白陶土样便。肠道中有 10% ～ 20% 的胆素原可被重吸收入血，经门静脉进入肝脏，其中大部分（约 90%）由肝脏摄取并以原形经胆汁分泌排入肠道，此过程称为胆色素肠肝循环（图 10-4）。

在此过程中，少量胆素原（10%）可进入体循环，通过肾小球滤出，由尿排出，即为尿胆素原。正常成人每天从尿排出的尿胆素原有 0.5 ～ 4.0mg，尿胆素原在空气中被氧化生成的尿胆素，是尿液中的主要色素，尿胆素原、尿胆素及尿胆红素临床上称为尿三胆，是黄疸类型鉴别诊断的常用指标。胆红素的生成及代谢见图 10-5。

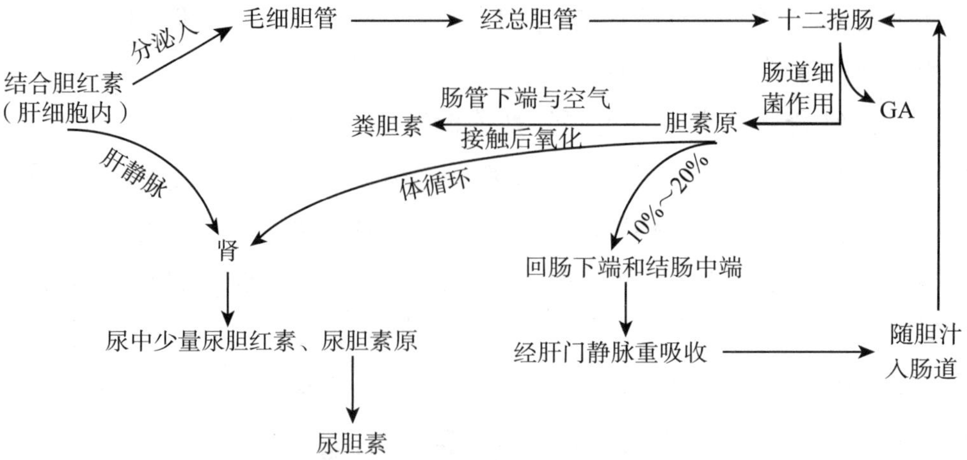

图 10-4 胆色素在肠道中的转变

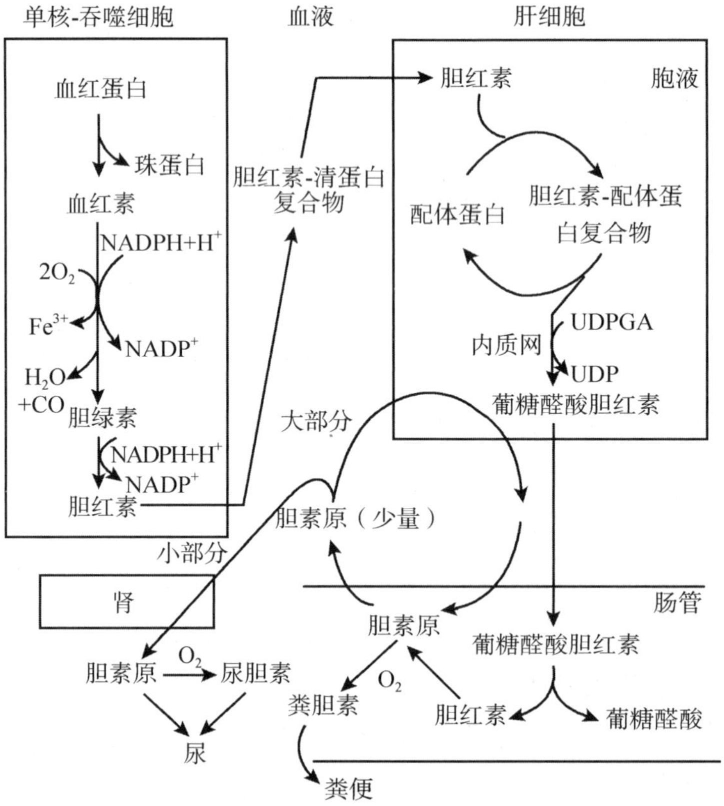

图 10-5 胆红素的代谢概况

二、血清胆红素与黄疸

正常人每天生成 200 ～ 300mg 胆红素，但肝清除胆红素的能力可达 3000mg/d 以上，远远大于机体产生胆红素的能力，因此正常人血清中胆红素的总量甚微，为 3.4 ～ 17.1μmol/L，其中未结合胆红素占 4/5，其余为结合胆红素。凡能引起胆红素的生成过多，或使肝细胞对胆红素摄取、转化、排泄过程发生障碍的情况，均可使血中胆红素浓度增高，称高胆红素血症。

胆红素是金黄色色素，当血清中浓度高时，则可扩散入组织引起皮肤、黏膜、巩膜出现黄染的现象，称为黄疸。黄疸程度与血清胆红素的浓度密切相关。血清中胆红素浓度为 17.1 ～ 34.2mol/L 时，肉眼尚观察不到巩膜或皮肤黄染，称为隐性黄疸。当大于 34.2mol/L 时，巩膜或皮肤均出现黄染，称为显性黄疸。

临床常根据黄疸发病的原因不同，将黄疸分三类。

1. 溶血性黄疸　因红细胞大量破坏，产生的胆红素过多，超过肝细胞的处理能力，从而引起血中未结合胆红素浓度异常增高者，称为溶血性黄疸或肝前性黄疸。输血不当、某些药物、某些疾病（恶性疟疾、过敏、蚕豆病等）等均可引起溶血性黄疸。其特征为：①血中未结合胆红素浓度显著升高，结合胆红素浓度变化不大。②血中未结合胆红素不能通过肾小球滤过，因此尿中胆红素阴性。③肝对未结合胆红素的摄取、转化、排泄增加，肠道中生成的胆素原增多，粪、尿胆素原增多，粪便和尿液颜色变深。

2. 肝细胞性黄疸　因肝细胞功能障碍，对胆红素的摄取、结合及排泄能力下降，引起结合胆红素及未结合胆红素均增高者，称为肝细胞性黄疸或肝原性黄疸。肝炎、肝硬化、肝肿瘤等肝实质性病变会引起肝细胞性黄疸。其特征为：①血中未结合胆红素和结合胆红素浓度均升高。②血中结合胆红素能通过肾小球滤过，因此尿中胆红素阳性。③肝对结合胆红素的转化、排泄减少，肠道中生成的胆素原减少，故粪便颜色变浅。

3. 阻塞性黄疸　因胆红素排泄通道受阻，使胆小管或毛细胆管压力增高而破裂，胆汁中结合胆红素反流入血，造成血清中结合胆红素异常增高者，称阻塞性黄疸或肝后性黄疸。例如，胆道炎、胆结石、肿瘤或先天性胆道闭锁等疾病可引起阻塞性黄疸。其特征为：①血中结合胆红素浓度显著升高，未结合胆红素浓度变化不大。②血中结合胆红素能通过肾小球滤过，因此尿中胆红素阳性，尿液颜色加深。③胆道阻塞，肠道中生成的胆素原减少，粪便颜色变浅甚至呈灰白色或陶土样便。

三种类型黄疸的血液、尿液、粪便的改变情况总结如表 10-3 所示。

表 10-3　三种类型黄疸的胆红素和血液、尿液、粪便的变化

指标		正常	阻塞性黄疸	溶血性黄疸	肝细胞性黄疸
总量胆红素		1.7 ～ 17.1μmol/L	明显增加	轻度增加	中度增加
结合胆红素		0 ～ 6.8μmol/L	明显增加	轻度增加	中度增加
非结合胆红素		1.7 ～ 10.2μmol/L	轻度增加	明显增加	中度增加
尿三胆	尿胆红素	阴性	强阳性	阴性	强阳性
	尿胆素原	少量	减少或缺如	增加	不一定
	尿胆素	少量	减少或缺如	增加	不一定
粪胆素原		40 ～ 280mg/24h	减少或缺如	增加	减少或正常
粪便颜色		正常	变浅或呈陶土色	加深	变浅或正常

考点　三种类型黄疸血液、尿液、粪便的变化

链 接

新生儿黄疸与蓝光治疗

新生儿黄疸有生理性和病理性之分。生理性黄疸，是新生儿时期特有的一种现象，由于胎儿在子宫内低氧环境下，血液中的红细胞生成过多，且这类红细胞多不成熟，易被破坏，胎儿出生后，造成胆红素生成过多，另一方面由于新生儿肝脏功能不成熟，胆红素代谢受限制，造成新生儿在一段时间内出现黄疸现象。新生儿一般出生后 2 ～ 3 天出现黄疸，7 ～ 10 天消退。新生儿蓝光治疗是临床常用的黄疸治疗方法，通常用于治疗新生儿的病理性黄疸。皮肤在接受蓝光照射时，胆红素吸收光线后，结构发生变化，可从原来的脂溶性变成水溶性，使得胆红素能够更快地从胆汁、尿中排泄出去，从而减轻新生儿黄疸的程度。

第 5 节　常用肝功能检验及临床应用

肝功能检验是一项临床上重要的常规工作。检测项目大多为血糖、血脂、血清蛋白质、酶类、胆红素代谢等，这些检测项目大都是以肝在各种代谢中的作用为理论依据而设计的。本节主要介绍血清蛋白质、血清酶及胆红素代谢测定等项目。

一、血清蛋白质代谢的测定

（一）反映蛋白质合成代谢的指标

肝是血浆蛋白质合成的重要场所，在血浆蛋白质中，除免疫球蛋白外几乎都在肝内合成。血浆蛋白质常用的测定方法有化学法和电泳法。前者可检测总蛋白、清蛋白和球蛋白的含量，用高分辨蛋白电泳可将球蛋白区分为 α- 球蛋白、β- 球蛋白和 γ- 球蛋白，并能将特定蛋白分离和定量。

1. 清蛋白（Alb）　血浆清蛋白在肝内合成，半衰期 21 天，平均每日合成 14.7g。肝受损时，血浆清蛋白的改变发生较慢，在 8 天后血浆清蛋白浓度仅降低 25%，因此血浆清蛋白不能反映急性肝损伤的程度，但可反映肝实质的贮备功能。严重肝功能障碍时，血浆清蛋白含量降低，γ- 球蛋白升高，清蛋白与球蛋白的比值（A/G）下降。

2. 前清蛋白　肝细胞合成的蛋白，电泳时迁移在清蛋白之前，半衰期只有 2 天。因此，对于反映急剧发生的肝损害（如亚急性重型肝炎），尤其是起病 1 周内的肝脏状态有特殊价值，是一项早期肝功能受损的重要指标。

3. 凝血因子　肝实质细胞可合成多种凝血因子，检测纤维蛋白及凝血酶原时间可反映肝细胞的功能，重症肝炎患者，若凝血酶原活动度低于 40% 且持续不升者，是预后不良的指标。

4. 甲胎蛋白（AFP）　是一种在电泳时位于 α- 球蛋白区的蛋白，妊娠期由胎儿卵黄囊和肝细胞合成，出生后 AFP 合成很快受到抑制。周岁时婴儿甲胎蛋白的浓度接近成人水平。通常健康成人血浆 AFP 浓度低于 25μg/L。在细胞恶变过程中，某些细胞基因被重新激活，细胞又开始合成 AFP，其含量明显增加。血浆 AFP 的测定是原发性肝癌最灵敏、最特异的肿瘤标志。某些非恶性的肝病变，如病毒性肝炎、肝硬化，AFP 水平也可升高，可通过动态观察和其他指标的检测予以鉴别诊断。

（二）反映氨基酸代谢的指标

1. 血氨 正常人体内血氨的产生与清除保持动态平衡。肝功能障碍时，清除氨的功能降低或因侧支循环氨直接进入体循环，导致血氨升高。因此，血氨升高可作为判断肝性脑病的生化指标。对有严重肝功能障碍的患者是否能进食高蛋白饮食，以补充营养，也需测定血氨来加以判断。

2. 血浆氨基酸谱 在严重肝功能损伤时，患者血浆中支链氨基酸（BCAA）含量明显降低，芳香族氨基酸（AAA）的含量异常升高，BCAA/AAA 值显著下降。

二、血清酶活性变化的测定

肝内酶的种类多、含量高，患肝病时血清中一些酶的活性可能会发生变化。

（一）氨基转移酶

谷丙转氨酶（ALT）和谷草转氨酶（AST）在肝细胞损伤或膜通透性增高时进入血液，可反映肝细胞的损伤程度。ALT 是检测肝细胞损伤最敏感的指标之一，是急性肝炎黄疸期最早出现的异常指标，也是随访肝炎预后的重要指标。ALT 主要分布于细胞质，AST 主要分布于线粒体，在病程中同时测定两者的活性，将有助于观察病情。

（二）碱性磷酸酶

正常血清中的碱性磷酸酶（ALP）主要来源于肝和骨骼，肝中主要存在于肝细胞和毛细胆管的细胞膜上，随胆汁分泌，由胆道排出。胆道梗阻时，血清中 ALP 浓度升高程度与梗阻程度成正比。肿瘤时血清中的 ALP 含量呈中度或显著提高，肝癌时尤为显著。原因是病变周围组织的胆管受压，导致该部分肝细胞合成 ALP 亢进和排泄障碍。

（三）γ- 谷氨酰转移酶

血清 γ- 谷氨酰转移酶（GGT）主要来源于肝胆系统，有助于肝胆系统疾病的诊断。肝中 GGT 主要位于胆小管内上皮细胞的滑面内质网。乙醇及某些药物可诱导微粒体合成 GGT，使其浓度升高，是酒精中毒的敏感指标，急性肝炎时也可有轻度或中度升高。

（四）乳酸脱氢酶

乳酸脱氢酶（LDH）存在于各种组织的细胞质中，活力很强，组织细胞损伤时，血清中 LDH 浓度可升高。LDH 有 5 种同工酶，通过琼脂糖凝胶电泳四氮唑蓝显色法，电泳图谱可分为 5 条区带，LDH_5 条带在健康人的电泳图谱上很浅。当肝细胞有实质性损害（坏死、炎症及充血）时，LDH_5 条带显色特别深，LDH_5 对肝硬化、肝坏死等疾病的诊断具有重要价值。

三、胆色素代谢的测定

（一）血清胆汁酸

血清胆汁酸（TBA）测定现在已是一项常规肝功能试验。急性肝炎、原发性肝癌及急性肝内胆汁淤积等，血清中 TBA 均 100% 出现异常增高，在肝细胞仅有轻度坏死时，血清胆汁酸升高常比其他检查更为灵敏。肝硬化患者 ALT 等一般肝功能指标无明显异常，但 TBA 显示出升高或明显升高，这是肝硬化患者诊断和病情观察的一项特异性指标。

（二）血清总胆红素及结合胆红素

测定血清总胆红素对诊断及判断有无黄疸和黄疸的程度有非常重要的意义。同时配合测定血清中结合胆红素，以总胆红素减去结合胆红素即得未结合胆红素。比较结合胆红素与未结合胆红素含量的变化，有利于诊断肝细胞性黄疸。

（三）尿中胆色素

1. 尿中胆红素　正常人血中结合胆红素极少，尿中结合胆红素呈阴性反应。当胆道阻塞或肝细胞黄疸时，结合胆红素反流入血，使尿中胆红素呈阳性或强阳性反应。

2. 尿胆素原　正常人尿中能检出少量尿胆素原。在胆道阻塞时尿胆素原显著减少或消失。在肝细胞受损时，肝细胞不能将从肠道重吸收的尿胆素原再排入胆道，致使经肾排出的尿胆素原增加。

医者仁心

“中国肝胆外科之父”吴孟超

吴孟超，著名肝胆外科专家，中国科学院院士，中国肝胆外科的开拓者和主要创始人之一，被誉为中国肝胆外科之父。他是我国肝脏外科事业的重要推动者，成功完成我国第一例肝脏外科手术，还研究出符合中国人体质的肝脏外科手术技术体系，使我国肝癌手术成功率从不到50%提高到90%以上。从医多年，吴孟超院士先后完成16 000多台手术，成功救治20 000多名患者，用高超的医术、高尚的医德书写了新时代人民军医为人民、爱人民的壮美诗篇。

自测题

一、选择题

1. 生物转化作用主要指（　　）
   A. 营养物质在体内代谢转变的过程
   B. 非营养物质在体内代谢转变的过程
   C. 营养物质在体内氧化分解供能的过程
   D. 非营养物质在体内氧化分解供能的过程
   E. 代谢中间产物的进一步代谢

2. 体内生物转化作用主要在下列哪个器官进行（　　）
   A. 肾　B. 肺
   C. 脑　D. 肝
   E. 肠

3. 结合胆红素是指（　　）
   A. 胆红素与血浆中清蛋白结合
   B. 胆红素与血浆中球蛋白结合
   C. 胆红素与肝细胞内Y蛋白结合
   D. 胆红素与肝细胞内Z蛋白结合
   E. 胆红素与葡糖醛酸的结合

4. 下列化合物哪个不是胆色素（　　）
   A. 胆绿素　B. 血红素
   C. 胆红素　D. 胆素原
   E. 胆素

5. 肝脏进行生物转化时活性硫酸供体是（　　）
   A. H_2SO_4　B. PAPS
   C. 半胱氨酸　D. 牛磺酸
   E. 胱氨酸

6. 肝脏进行生物转化时葡糖醛酸的活性供体是（　　）
   A. GA　B. UDPG
   C. ADPGA　D. UDPGA
   E. CDPGA

7. 下列哪一种胆汁酸是初级胆汁酸（　　）

A. 甘氨石胆酸　　B. 甘氨胆酸
C. 牛磺脱氧胆酸　　D. 牛磺石胆酸
E. 甘氨脱氧胆酸

8. 血中哪一种胆红素增加会在尿中出现胆红素（　　）
A. 未结合胆红素　　B. 结合胆红素
C. 肝前胆红素　　D. 间接反应胆红素
E. 与清蛋白结合的胆红素

9. 下列哪项会导致尿胆素原排泄减少（　　）
A. 肠梗阻　　B. 溶血
C. 胆道梗阻　　D. 碱中毒
E. 急性肝炎

10. 溶血性黄疸患者在临床上最常出现下述哪种变化（　　）
A. 未结合胆红素升高
B. 尿中胆红素升高
C. 粪中尿胆原减少
D. 粪中尿胆素减少
E. 尿中尿胆原减少

二、填空题

1. 肝脏在糖代谢中的作用主要是通过糖原的________与________、糖异生作用来维持血糖浓度的________，保障全身各组织，特别是大脑和红细胞的能量来源。
2. 肝脏内的生物转化反应主要可分为________、________、________与结合四种反应类型。
3. 临床常根据黄疸发病的原因不同，将黄疸分________、________、________三类。

（张英超）

第 11 章 水、无机盐代谢与酸碱平衡

第 1 节　体液和水代谢

一、体　　液

（一）体液的分布与含量

体内的水及溶解在水中的无机盐和有机物构成人体的体液。体液的主要成分是水。正常成人的体液总量约占体重的 60%，细胞内液约占体重的 40%，细胞外液约占体重的 20%，其中组织间液占体重的 15%，血浆占体重的 5%（图 11-1）。细胞外液是组织细胞生存的环境，被称为细胞的内环境，是细胞与外界环境进行物质交换的中介场所。

体液（成人占体重60%）
- 细胞内液（40%）
- 细胞外液（20%）
  - 血浆（5%）
  - 组织间液（15%）

图 11-1　体液的分布与含量

考点　细胞内液、细胞外液的含量

体液含量具有年龄、性别和个体的差异。年龄越小体液所占体重比例越大，新生儿、婴幼儿、学龄儿童的体液分别占体重的 80%、70% 和 65%。男性体液略多于女性，瘦者体液多于胖者，这是因为肌肉含水量远多于脂肪。

（二）体液电解质的分布与含量

体液中的无机盐、某些小分子有机物和蛋白质等常以离子状态存在，故又称为电解质。体液中主要的电解质是 Na^+、K^+、Ca^{2+}、Mg^{2+}、Cl^-、HCO_3^- 等。人体中各部分体液中的电解质含量有所不同（表 11-1），其组成特点为：①细胞内液与细胞外液中电解质分布差异很大。细胞内液中主要阳离子是 K^+，主要阴离子是有机磷酸离子（HPO_4^{2-}）和蛋白质阴离子；细胞外液中的主要阳离子是 Na^+，主要阴离子是 Cl^- 和 HCO_3^-。②体液中正离子和负离子的总量相等，呈电中性。③细胞内液与细胞外液的渗透压相等。④血浆蛋白质含量高于组织液，这有利于血浆与组织液之间的液体交换，有利于血容量的维持。

表 11-1　体液中电解质的分布与含量　（单位：mmol/L）

电解质		血浆		细胞间液		细胞内液	
		离子	电荷	离子	电荷	离子	电荷
阳离子	Na^+	145	145	139	139	10	10
	K^+	4.5	4.5	4	4	158	158
	Ca^{2+}	2.5	5	2	4	3	6
	Mg^{2+}	0.8	1.6	0.5	1	15.5	31
	合计	152.8	156.1	145.5	148	186.5	205

续表

电解质		血浆		细胞间液		细胞内液	
		离子	电荷	离子	电荷	离子	电荷
阴离子	Cl^-	103	103	112	112	1	1
	HCO_3^-	27	27	25	25	10	10
	HPO_4^{2-}	1	2	1	2	12	24
	SO_4^{2-}	0.5	1	0.5	1	9.5	19
	有机酸	5	5	6	6	16	16
	蛋白质	2.25	18	0.25	2	8.1	65
	有机磷酸	—	—	—	—	23.3	70
	合计	138.75	156	144.75	148	79.9	205

考点 细胞内外液的主要电解质阴、阳离子

二、水 代 谢

（一）水的生理功能

水是维持人体正常生理活动所必需的营养物质。体内水有结合水和自由水两种存在形式，大部分以结合水形式存在。

1. 参与和促进体内的物质代谢　水是良好的溶剂，能使各种营养物质、代谢产物溶解，随血液循环或淋巴循环运送至各组织细胞，有利于体内代谢反应的进行和营养物质及代谢产物的运输。水还能直接参加代谢反应，如水解反应、加水脱氢反应等。

2. 调节体温　水的比热大，与等量的其他固体或液体物质相比，水的温度升高所需要的热量较多，因此，水能吸收较多的热量而本身温度升高不多，使体温不致因机体产热或外界温度的变化而明显波动。水的蒸发热大，水完全蒸发时能吸收较多的热量，因而蒸发少量的汗液就能散发大量的热量。水的流动性大，体内代谢产生的热量可通过血液循环在体内均匀分布并运输到体表散发，从而维持体温的正常。

3. 润滑作用　水是良好的润滑剂，能减少摩擦。例如，唾液有利于吞咽；关节液有利于关节的活动；泪液可防止眼球的干燥。

4. 赋形作用　体内的水大部分与蛋白质、核酸和蛋白多糖等以结合水的形式存在。结合水参与维持组织器官的形态、弹性及硬度，维持组织的形态结构和生理功能。

（二）水的摄入和排出

1. 水的摄入

（1）饮水　包括饮料、茶、汤及其他流质，饮水量随生活习惯、气温和劳动强度的不同而有较大差别。成人一般每天饮水约 1200ml。

（2）食物水　各种食物含水量不同，成人每天随食物摄入的水量约 1000ml。

（3）代谢水（内生水）　代谢水是由糖、脂肪和蛋白质等营养物质在代谢过程中生成的水。成人每天体内生成的代谢水约为 300ml，量比较稳定。

2. 水的排出

（1）肾排出　肾排尿是机体排出水分最主要的途径。正常情况下，成人每天的排尿量为1000～2000ml，平均为1500ml，排尿量受饮水量及其他排水途径的影响。成人每天由尿排出至少35g固体代谢废物，每天至少需排尿500ml才能将代谢废物排尽，因此，500ml称为最低尿量。尿量少于500ml时称为少尿，此时代谢废物将潴留在体内，导致氮质血症。

（2）皮肤蒸发　水分从皮肤蒸发分为不感蒸发（非显性汗）和可感蒸发（显性汗）两种形式。成年人每日由皮肤通过不感蒸发排水约500ml。

（3）呼吸蒸发　肺呼吸时以蒸汽的形式每天排出水约350ml，肺排水量的变化取决于呼吸的深度和频率，如高热时呼吸加深、加快，排水量增加。

（4）粪便排出　成人每日约有8000ml消化液进入消化道，其内含有大量水分和电解质。这些消化液绝大部分被肠道重吸收，只有150ml左右随粪便排出。

人体每日必然失水量是指当人体不进水时，每日仍通过肾脏排出（最低尿量500ml）、皮肤蒸发、呼吸蒸发及粪便排出的水量，最少约1500ml（图11-2）。为了维持水平衡，人体每日摄入的水量至少要达到1500ml，称最低需水量，是临床工作中每日输液量的依据。

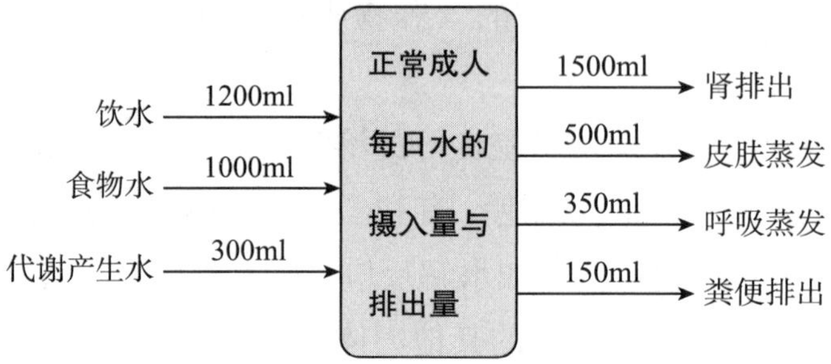

图 11-2　正常人每天水代谢的基本情况

考点　人体每天正常的水出入量、日需要量

第2节　无机盐代谢

一、无机盐的生理功能

（一）维持体液的正常渗透压

无机盐在体内以解离状态形式存在，K^+、HPO_4^{2-} 是维持细胞内液渗透压的主要离子；Na^+、Cl^- 是维持细胞外液渗透压的主要离子。当这些离子浓度改变时会引起细胞内外液渗透压的变化，从而影响体内水的分布。

（二）维持体液的酸碱平衡

Na^+、Cl^-、K^+ 和 HPO_4^{2-} 是体液中各种缓冲对的主要成分，对维持体液的酸碱平衡起着重要作用。

（三）维持神经、肌组织的应激性

神经肌肉的应激性受体液中无机盐浓度的影响，其关系如下：

$$神经、肌肉的兴奋性 \propto \frac{[Na^+]+[K^+]+[OH^-]}{[Ca^{2+}]+[Mg^{2+}]+[H^+]}$$

由此可见，Na^+、K^+、OH^- 可提高神经、肌肉的兴奋性，而 Ca^{2+}、Mg^{2+}、H^+ 可降低神经、肌肉的兴奋性。临床上常见的低钾血症，患者神经、肌肉的兴奋性降低，出现四肢无力、肠麻痹，甚至呼吸肌麻痹；低血钙、低血镁、碱中毒的患者，神经、肌肉的兴奋性升高，出现手足抽搐。

无机盐离子对心肌细胞应激性的影响，其关系如下：

$$心肌兴奋性 \propto \frac{[Na^+]+[Ca^{2+}]+[OH^-]}{[K^+]+[Mg^{2+}]+[H^+]}$$

K^+ 可降低心肌细胞兴奋性，高血钾时可出现心动过缓，严重者导致心跳停止于舒张期；相反，低血钾时可出现心动过速，严重者导致心跳停止于收缩期。

（四）参与物质代谢

有些无机盐尤其是金属离子是酶的辅因子或组成成分，如磷酸激酶需要 Mg^{2+}；有些是酶的激活剂或抑制剂，如 Cl^- 是淀粉酶的激活剂；有些金属离子直接参与体内的物质代谢，如 K^+ 参与糖原及蛋白质的合成代谢。

考点 无机盐的生理功能

二、钠和氯的代谢

（一）含量与分布

正常成人体内钠总量为 45 ～ 50mmol/kg 体重，其中约 45% 存在于细胞外液，45% 存在于骨骼，10% 存在于细胞内液。正常成人血清中钠浓度为 135 ～ 145mmol/L，平均为 142mmol/L。氯主要存在于细胞外液，浓度为 98 ～ 106mmol/L，平均为 103mmol/L。

（二）吸收与排泄

人体的钠与氯主要来自食盐（NaCl），一般成人每日生理需要量为 4.5 ～ 9.0g，其摄入量因个人的饮食习惯不同而有很大的差别。《中国居民膳食指南（2022）》推荐成人每天食盐摄入量不应超过 5g。Na^+ 和 Cl^- 主要在消化道吸收，且极易被吸收，一般不会出现缺乏。

钠和氯主要经肾脏随尿排泄，少量由粪便及汗液排出。肾脏对排钠的调节能力很强，当血钠浓度高时，肾小管对钠的重吸收减少，过多的钠可以迅速通过肾脏排出体外；反之，重吸收增多，尿钠减少；当机体完全停止摄入钠时，肾排钠几乎为零。肾脏对排钠的高效调节能力可概括为多吃多排、少吃少排、不吃不排。

链 接

减盐行动

饮食中钠盐含量过高会引起高血压，增加心脏病、脑卒中等心血管疾病的发生风险。中国居民膳食营养素参考摄入量推荐每日盐的摄入量控制在 5g 以内。减盐不是喊口号，而是每一个实际的小行动，让低盐理念融入日常生活：减少食用加工食品或熟食；购物时比较产品标签信息，选择低钠产品；在餐桌上不再摆放盐罐或瓶装调味汁；在食堂餐厅就餐时备注少放盐。

三、钾的代谢

（一）含量与分布

人体内钾含量为 31 ～ 57mmol/kg 体重。其中约 98% 存在于细胞内液，仅约 2% 存在于细胞外液。细胞内液钾的浓度与细胞外液相差约 30 倍。血清钾含量为 3.5 ～ 5.5mmol/L，红细胞内钾浓度约为 105mmol/L，因此测定血清钾时，要避免血标本溶血。

K^+ 通过细胞膜的速度非常缓慢，约 15 小时才能达到膜内外的平衡。心功能不全等病理情况下，K^+ 的膜内外平衡则需时更长，约 45 小时。因此，在需要给患者补钾时，应注意用量少、浓度低、速度慢等原则，以免造成高血钾。

钾在细胞内、外的分布还受物质代谢和体液酸碱平衡等方面的影响。细胞内糖原、蛋白质的合成与分解可影响钾在细胞内外的分布，一般合成代谢均伴有 K^+ 进入细胞，分解代谢则伴有 K^+ 移出细胞。因此，严重创伤、挤压伤、大面积烧伤、感染、缺氧等组织细胞破坏分解增强时，常可引起高钾血症。钾的分布还受细胞和血浆 H^+ 浓度的影响。酸中毒时细胞外液 H^+ 浓度增高，部分 H^+ 与体内细胞和肾小管上皮细胞内的 K^+ 进行交换，可引起高血钾；相反，碱中毒时则可引起低血钾。

（二）吸收与排泄

钾主要来自食物，正常成人每天钾的需要量为 2 ～ 3g。各种谷类、瓜果、肉类等均含有丰富的钾，故一般食物即可满足正常需要。食物中的钾 90% 以上被消化道吸收，其余未被吸收的部分则随粪便排出体外。

正常情况下，80% ～ 90% 的钾经肾由尿排出，10% 左右随粪便排出，少量钾可由汗液排出。肾对钾的排泄能力很强，特点是多吃多排、少吃少排、不吃也排。即使禁钾 1 ～ 2 周，肾每天排钾仍可达到 5 ～ 10mmol，所以，对长期不能进食或大量失钾的患者（如严重腹泻、呕吐、肠瘘等）应该注意及时补钾，防止发生低血钾。临床上，如果肾功能基本正常，尽量选择口服补钾。如果选择静脉注射补钾，要坚持不宜过浓、不宜过多、不宜过快、不宜过早，见尿补钾的“四不宜”原则，以避免引起暂时性高血钾。

考点 钾的吸收和排泄

四、钙磷代谢

（一）钙、磷的含量、分布与生理功能

钙、磷是体内含量最多的无机盐，正常人体钙总量为 700 ～ 1400g，磷总量为 400 ～ 800g。体内 98% 以上的钙和 85% 以上的磷以羟基磷灰石 $[3Ca_3(PO_4)_2 \cdot Ca(OH)_2]$ 的形式构成骨盐。钙、磷主要参与骨骼的形成，极少量的钙和磷分布于体液和软组织中，以溶解状态存在。Ca^{2+} 的生理功能有：① Ca^{2+} 为凝血因子之一，参与凝血过程；②降低毛细血管及细胞膜的通透性，临床上常用钙制剂治疗荨麻疹等过敏性疾病，以减轻组织的渗出性病变；③降低神经肌肉的兴奋性；④增强心肌的收缩力；⑤ Ca^{2+} 为多种酶的激活剂，参与物质代谢及其调节；⑥作为第二信使调节细胞功能。磷以磷酸根形式参与物质和能量代谢，参与磷脂、核酸和辅酶类核苷酸的组成。组成磷酸氢盐缓冲体系以维持体液酸碱平衡。

（二）钙、磷的吸收与排泄

1. 钙的吸收与排泄　人体内钙的主要来源是牛奶、豆类和叶类蔬菜。正常成人每日钙的需要量为 0.6 ～ 1.0g，儿童、孕妇及乳母需要量增加，每日需钙量为 1.0 ～ 1.5g。食物中的钙大多数是难溶性盐，在酸性环境中溶解度大，容易吸收。钙的吸收部位主要在酸度较强的小肠上段。影响钙吸收的主要因素如下所述。

（1）1, 25-$(OH)_2$-D_3（活性维生素 D）　能促进小肠对钙、磷的吸收，临床补钙的同时，给予一定量的维生素 D 能达到更好的效果。

（2）饮食　钙盐在酸性环境中易于溶解，凡能降低肠道 pH 的物质都可促进钙的吸收，如乳酸、氨基酸、柠檬酸等。食物中过多的碱性磷酸盐、草酸、鞣酸及植酸等可与钙形成难溶性的钙盐而影响钙的吸收。

（3）年龄　钙的吸收率与年龄成反比，年龄越大，钙吸收率越低。婴儿和儿童钙的吸收率较高，分别可吸收食物中钙的 50% 和 40% 以上；成人为 20% 左右。随着年龄的增大，钙的吸收率越来越低，故老年人容易缺钙而出现骨质疏松。

人体每天排出的钙，约 80% 经肠道排出，约 20% 经肾脏排出。肾小球每天可滤出约 10g 钙，其中 95% 以上被肾小管重吸收，仅有 0.5% ～ 5.0% 可随尿排出，每日随尿排出的钙比较稳定。

2. 磷的吸收与排泄　正常成人每日磷的需要量为 1.0 ～ 1.5g。食物中的磷大部分以磷酸盐、磷蛋白、磷脂或磷酸酯的形式存在，有机磷酸酯被消化水解生成无机磷酸盐后才能被吸收。磷的吸收部位也在小肠上段，较钙容易吸收，吸收率达 70%，低磷时可达 90%，因此，临床上缺磷极为少见。

磷大部分由肾排出，约占总排出量的 70%，其余随粪便排出。当血磷浓度降低时，肾小管的重吸收增强。故肾功能不全时，可引起血磷升高。

第 3 节　酸碱平衡

人体内的物质代谢过程必须在一定的 pH 环境下才能正常进行。但组织细胞在代谢过程中会不断地产生一些酸性和碱性物质，另外还有一定数量的酸性、碱性物质随食物进入体内。机体通过一系列调节作用，将体液 pH（酸碱度）维持在恒定范围内的过程，称为酸碱平衡。

机体各部分体液的 pH 不尽相同，细胞内液为 7.0，细胞外液略高。正常情况下血浆的 pH 在 7.35 ～ 7.45，平均为 7.40。由于各部分体液间相互沟通，因此血浆 pH 可间接反映其他各部分体液的酸碱平衡状态。

一、体内酸性物质与碱性物质的来源

（一）酸性物质的来源

1. 内源性酸　是体内酸性物质的主要来源，主要来自糖、脂肪、蛋白质及核酸在体内的代谢产物，根据这些酸性代谢产物在体内排出的方式不同，可分为挥发性酸和固定酸两类。

（1）挥发性酸　糖、脂肪、蛋白质在体内彻底氧化生成 CO_2 和 H_2O，CO_2 能与 H_2O 生成 H_2CO_3，在肺部，H_2CO_3 重新分解为 CO_2 而呼出，称为挥发性酸。正常成人每日产生的 CO_2 为 300 ～ 400L，可生成 15mol 的 H_2CO_3，释放相当于 15mol 的 H^+。

（2）固定酸　物质代谢产生的丙酮酸、乳酸、乙酰乙酸、磷酸等，不能由肺呼出，只能通过肾脏随尿排出，故称为固定酸。正常成人每天从固定酸解离出的 H^+ 为 50 ～ 100mmol。

体内的酸性物质主要来自含糖、脂肪、蛋白质丰富的动物性和谷类食物，故将这些食物称为酸性食物。

2. 外源性酸　是指食物及药物中的酸性物质，如柠檬酸、乙酸（醋酸）、乳酸、阿司匹林、氯化铵、维生素 C 等，也是体内酸性物质的来源。

（二）碱性物质的来源

1. 外源性碱　是体内碱性物质的主要来源，主要来自水果和蔬菜，称为碱性食物，其中含丰富的有机酸盐，有机酸根可与 H^+ 结合生成有机酸，进而生成 CO_2 和 H_2O 排出体外。有机酸盐中的金属离子与 HCO_3^- 结合生成 $KHCO_3$ 或 $NaHCO_3$，使体内碱性物质含量增加。

2. 内源性碱　体内物质代谢产生，如氨基酸脱氨基作用产生的氨等。

3. 药物　某些药物如小苏打（$NaHCO_3$）、氢氧化铝等。

由此可见，在正常饮食情况下，体内各种来源的酸性物质远多于各种来源的碱性物质。因此，机体对酸碱平衡的调节作用主要是对酸的调节。

考点　体内酸性物质与碱性物质的来源

二、酸碱平衡的调节

体液 pH 的相对恒定，主要依靠血液的缓冲作用、肺的呼吸及肾的排泄与重吸收三方面的协同作用来实现。

（一）血液的缓冲作用

各种来源的酸性或碱性物质进入血液后，首先经血液稀释并被血液缓冲体系缓冲，将较强的酸或碱变成较弱的酸或碱，从而使血液 pH 不发生明显的改变，以维持血液 pH 的相对恒定。

1. 血液中的缓冲体系　是由弱酸及其对应的盐组成，称为缓冲对。根据存在的部位不同分为血浆缓冲体系和红细胞缓冲体系。

血浆缓冲体系的缓冲对有：$\dfrac{NaHCO_3}{H_2CO_3}$　$\dfrac{Na_2HPO_4}{NaH_2PO_4}$　$\dfrac{Na\text{-}Pr}{H\text{-}Pr}$

Pr：血浆蛋白

红细胞缓冲体系的缓冲对有：$\dfrac{KHCO_3}{H_2CO_3}$　$\dfrac{K_2HPO_4}{KH_2PO_4}$　$\dfrac{K\text{-}Hb}{H\text{-}Hb}$　$\dfrac{K\text{-}HbO_2}{H\text{-}HbO_2}$

Hb：血红蛋白；HbO_2：氧合血红蛋白

血浆中的缓冲对以 $NaHCO_3/H_2CO_3$ 最重要，红细胞中以血红蛋白缓冲体系最重要。血浆中的 $NaHCO_3/H_2CO_3$ 缓冲对的含量最多，缓冲能力最强。正常人血浆中 $NaHCO_3$ 的浓度约为

24mmol/L，H_2CO_3 的浓度约为 1.2mmol/L，血浆 pH 主要取决于两者比值，只要 $NaHCO_3$ 与 H_2CO_3 浓度比值保持在 20/1，血浆 pH 即为 7.4。因此，机体酸碱平衡调节的实质，就是调节 $NaHCO_3$ 和 H_2CO_3 的含量，使二者比值保持在 20/1，从而维持血浆 pH 相对恒定。

考点 酸碱平衡的调节方式

2. 缓冲体系的缓冲作用

（1）对固定酸的缓冲　当固定酸（HA）进入血液时，首先由 $NaHCO_3$ 与之反应，生成固定酸钠盐（NaA）和 H_2CO_3，使血液 pH 不会明显下降。在血液流经肺时，H_2CO_3 分解成 CO_2 和 H_2O，CO_2 由肺呼出。

$$HA + NaHCO_3 \longrightarrow NaA + H_2CO_3$$

$$H_2CO_3 \longrightarrow H_2O + CO_2$$

（2）对挥发性酸的缓冲　体内代谢产生的 CO_2 进入血液后，绝大部分扩散入红细胞，经碳酸酐酶（CA）催化与 H_2O 反应生成 H_2CO_3。H_2CO_3 主要被 K-Hb/H-Hb、K-HbO_2/H-HbO_2 缓冲体系缓冲，最终以 CO_2 形式经肺排出。因此，对挥发酸的缓冲作用实际上就是将组织细胞代谢中产生的 CO_2 通过血液循环运输到肺部再排至体外的过程。

（3）对碱的缓冲作用　碱性物质（BOH）进入血液后，主要被碳酸氢盐缓冲体系中的 H_2CO_3 缓冲生成碱性较弱的碳酸氢盐，使血液的 pH 不会明显升高。

$$BOH + H_2CO_3 \longrightarrow BHCO_3 + H_2O$$

由上可见，血液缓冲体系在缓冲酸和碱时，会导致血浆 $NaHCO_3$ 与 H_2CO_3 浓度的比值发生改变，造成血液 pH 的改变，因此还需要通过肺和肾来调节 $NaHCO_3$ 和 H_2CO_3 的浓度，以维持其正常的比值。

（二）肺对酸碱平衡的调节

肺主要通过改变呼吸的频率和深度来控制 CO_2 排出量，从而调节血浆 H_2CO_3 的浓度。当血液中 CO_2 分压升高或 pH 降低时，延髓的呼吸中枢兴奋，呼吸运动加深加快，CO_2 排出增多，血浆 H_2CO_3 浓度下降。反之，当血液中 CO_2 分压降低或 pH 升高时，呼吸中枢受到抑制，呼吸运动变浅变慢，CO_2 排出减少，血液中 H_2CO_3 的浓度升高。

考点 肺对酸碱平衡的调节

（三）肾对酸碱平衡的调节

肾主要通过排出过多的酸或碱及对 $NaHCO_3$ 的重吸收来调节血浆 $NaHCO_3$ 的浓度。肾对酸碱平衡的调节作用强而持久。正常情况下，体内产生的酸性物质比碱性物质多，并且缓冲固定酸时又要消耗大量的 $NaHCO_3$，因此，肾脏的调节作用主要就是排出过多的酸性物质及重吸收 $NaHCO_3$，以维持血浆中 $NaHCO_3$ 正常浓度及与 H_2CO_3 的正常比值。

1. $NaHCO_3$ 的重吸收　肾小管上皮细胞富含碳酸酐酶（CA），CA 可催化 CO_2 和 H_2O 反应生成 H_2CO_3，H_2CO_3 再解离释放出 HCO_3^- 和 H^+，H^+ 被肾小管细胞分泌入管腔，与原尿中的 Na^+ 进行交换（即 H^+-Na^+ 交换），原尿中的 Na^+ 进入肾小管上皮细胞，与细胞内 HCO_3^- 结合生成 $NaHCO_3$ 后重新回到血液中，该过程称为 $NaHCO_3$ 的重吸收（图 11-3）。

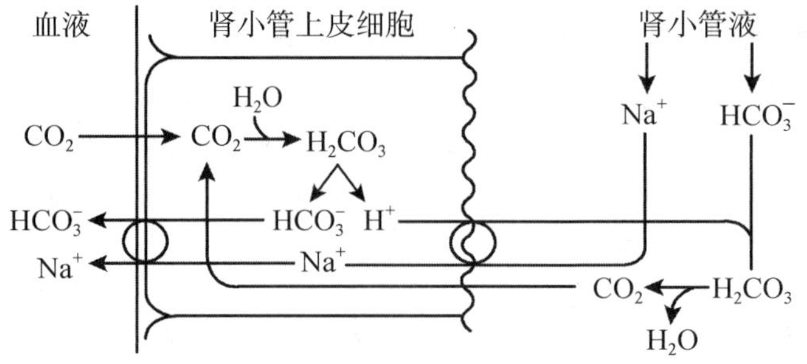

图 11-3 $NaHCO_3$ 的重吸收

2. 尿液的酸化　肾小管上皮细胞分泌至管腔的 H^+ 可与 Na_2HPO_4 的 Na^+ 进行交换。重吸收的 Na^+ 与细胞内产生的 HCO_3^- 结合，补充了血液在缓冲固定酸时所消耗的 $NaHCO_3$，达到维持 $NaHCO_3/H_2CO_3$ 的正常比值和血液 pH 的恒定的作用。同时 H^+-Na^+ 交换后 Na_2HPO_4 转变成酸性的 NaH_2PO_4 随尿排出，终尿 pH 下降，故称为尿液的酸化（图 11-4）。

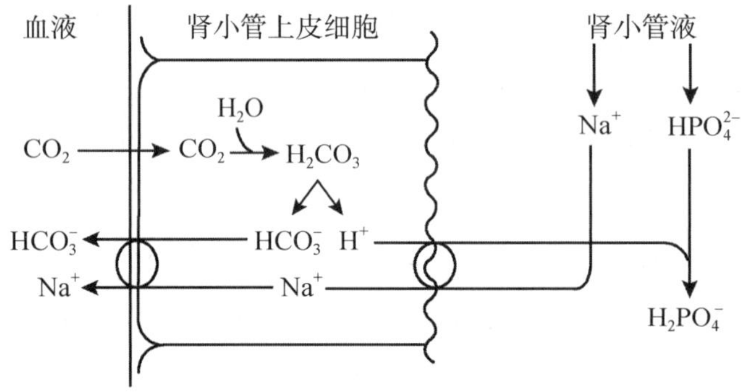

图 11-4 尿液的酸化

3. 泌 NH_3 作用　肾小管分泌的 NH_3 主要来自肾小管上皮细胞中谷氨酰胺的水解。肾小管上皮细胞中的谷氨酰胺在谷氨酰胺酶的催化下水解，产生谷氨酸和氨。此外，还有一部分氨来自氨基酸的脱氨基作用。这两条途径产生的氨由肾小管细胞分泌到管腔中，NH_3 与 H^+ 结合生成 NH_4^+，NH_4^+ 以 NH_4Cl 或 $(NH_4)_2SO_4$ 的形式随尿排出（图 11-5）。

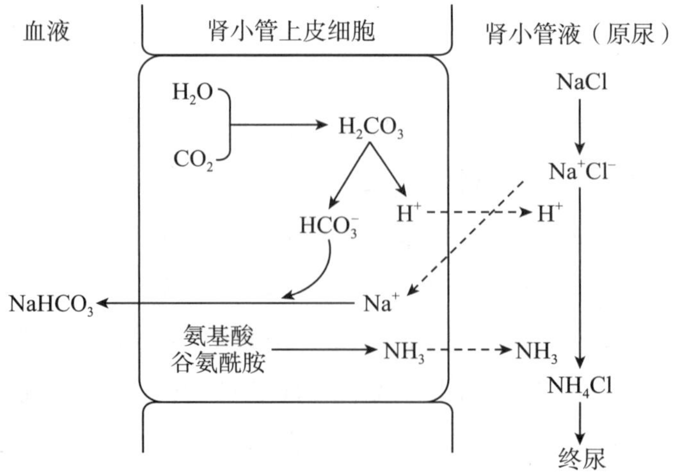

图 11-5 泌 NH_3 作用

经尿液酸化和泌 NH_3 作用方式转运入血的 $NaHCO_3$ 与肾小管液中重吸收的 $NaHCO_3$ 不同，它是由肾小管上皮细胞重新生成的，故也称为 $NaHCO_3$ 再生。通过上述过程既可排出过多的酸性物质，又可补充消耗的 $NaHCO_3$，可有效地调节酸碱平衡。

考点 肾对酸碱平衡的调节

自 测 题

一、选择题

1. 人体细胞外液的含量约占体重的（　　）
   A. 5%　　B. 10%
   C. 15%　　D. 20%
   E. 40%
2. 对于不能进食的成人，每日的最低补液量为（　　）
   A. 100ml　　B. 350ml
   C. 500ml　　D. 1500ml
   E. 2500ml
3. 细胞内液含量最多的阳离子是（　　）
   A. K^+　　B. Na^+
   C. Ca^{2+}　　D. Mg^{2+}
   E. H^+
4. 细胞外液含量最多的阴离子是（　　）
   A. HCO_3^-　　B. 蛋白质离子
   C. Cl^-　　D. HPO_4^{2-}
   E. $H_2PO_4^-$
5. 下列哪项可以使心肌兴奋性增加（　　）
   A. K^+ 减少　　B. Na^+ 减少
   C. Ca^{2+} 减少　　D. OH^- 减少
   E. 以上都不对
6. 人体每日最低尿量为（　　）
   A. 2500ml　　B. 1500ml
   C. 500ml　　D. 200ml
   E. 100ml
7. 血浆与细胞间液的差别是下列哪项（　　）
   A. Na^+ 不同　　B. K^+ 不同
   C. Cl^- 不同　　D. 蛋白质不同
   E. 渗透压不同
8. 下列属于挥发性酸的是（　　）
   A. 硫酸　　B. 碳酸
   C. 丙酮酸　　D. 乳酸
   E. 乙酰乙酸
9. 血浆 $NaHCO_3/H_2CO_3$ 的值为（　　）
   A. 10/1　　B. 12/1
   C. 15/1　　D. 20/1
   E. 24/1
10. 血浆中最重要的缓冲对是（　　）
    A. $NaHCO_3/H_2CO_3$
    B. Na-Pr/H-Pr
    C. Na_2HPO_4/NaH_2PO_4
    D. K-Hb/H-Hb
    E. K_2HPO_4/KH_2PO_4
11. 对酸碱平衡的调节作用最强的是（　　）
    A. 血液　　B. 肺
    C. 肾　　D. 肝脏
    E. 以上都不是
12. 红细胞中最重要的缓冲对是（　　）
    A. 血红蛋白缓冲对
    B. 血浆蛋白盐缓冲对
    C. 磷酸氢盐缓冲对
    D. 乳酸盐缓冲对
    E. 碳酸氢盐缓冲对
13. 下列关于肺对酸碱平衡的调节描述正确的是（　　）
    A. 肺能排出体内的酸性物质
    B. 体内 pH 升高时，肺换气加深加快
    C. 体内 CO_2 分压升高时，肺换气加深加快
    D. 肺能调节血浆中 $NaHCO_3$ 的含量

E. 以上都不对

二、填空题

1. 水的生理功能有________、________、________、________。

2. 细胞外液的阳离子以________为主，阴离子以________为主。而细胞内液的阳离子则以______为主，阴离子以________为主。

3. 正常人血浆 pH 为________。

4. 血浆 pH 主要取决于________。

5. 酸碱平衡的调节系统有________、________、________。

（迟玉芹）

主要参考文献

艾旭光，王春梅，2015. 生物化学基础 . 3 版 . 北京：人民卫生出版社

晁相蓉，2022. 生物化学基础 . 3 版 . 北京：科学出版社

高怀军，2016. 生物化学概论 . 北京：科学出版社

黄纯，2021. 生物化学 . 4 版 . 北京：科学出版社

邵世滨，张淑芳，2021. 生物化学 . 北京：中国医药科技出版社

王春梅，张文利，2022. 生物化学基础 . 4 版 . 北京：人民卫生出版社

武村政春，2010. 漫画生物化学 . 滕永红译 . 北京：科学出版社

赵勋靡，王懿，莫小卫，2016. 生物化学基础 . 北京：科学出版社

钟楠楠，2018. 生物化学检验技术 . 2 版 . 北京：中国中医药出版社

周春燕，药立波，2018. 生物化学与分子生物学 . 9 版 . 北京：人民卫生出版社

自测题（选择题）参考答案

第 1 章

1. B　2. A　3. B　4. D

第 2 章

1. D　2. C　3. C　4. A　5. C　6. D　7. B
8. E　9. C　10. C

第 3 章

1. B　2. D　3. C　4. A　5. E　6. C　7. B

第 4 章

1. D　2. D　3. A　4. B　5. D　6. E

第 5 章

1. D　2. D　3. A　4. C　5. D　6. B　7. E

第 6 章

1. A　2. D　3. C　4. E　5. A　6. B　7. D
8. D　9. C　10. C　11. E　12. B　13. D
14. B　15. E

第 7 章

1. C　2. C　3. B　4. D　5. B　6. B　7. C
8. D　9. B　10. E

第 8 章

1. A　2. B　3. C　4. D　5. D　6. E　7. A
8. D　9. A　10. D　11. C　12. B　13. E

第 9 章

1. D　2. B　3. A　4. A　5. D　6. A　7. C
8. B　9. B　10. C　11. B　12. E　13. D
14. D　15. C　16. C　17. B　18. B

第 10 章

1. B　2. D　3. E　4. B　5. B　6. D　7. B
8. B　9. C　10. A

第 11 章

1. D　2. D　3. A　4. C　5. A　6. C　7. D
8. B　9. D　10. A　11. C　12. A　13. C